胶凝砂砾石坝地基适应性及坝体剖面形式研究

杨世锋　著

中国水利水电出版社
www.waterpub.com.cn
·北京·

内 容 提 要

本书总结了胶凝砂砾石坝的发展历程和研究现状；基于已开展的胶凝砂砾石材料力学试验，分别采用材料力学法和有限单元法对拟定的胶凝砂砾石坝进行地基条件适应计算，提出了胶凝砂砾石坝地基适应性控制标准，确定了不同类型胶凝砂砾石坝适应的地基条件；探讨了坝体参数变化对胶凝砂砾石坝地基适应性的影响，阐明了胶凝砂砾石坝适应地基条件的优越性；根据典型胶凝砂砾石本构模型和大坝设计理论进行 100m 级胶凝砂砾石坝剖面设计研究，利用胶凝砂砾石坝全过程数值仿真平台进行坝体施工期和运行期性态演变规律分析，提出了 100m 级胶凝砂砾石坝剖面设计准则。

本书可供从事胶凝砂砾石材料科研、设计等工作的相关人员使用，也可供大专院校相关专业师生学习参考。

图书在版编目（CIP）数据

胶凝砂砾石坝地基适应性及坝体剖面形式研究 / 杨世锋著. -- 北京 : 中国水利水电出版社, 2021.8
ISBN 978-7-5170-9931-4

Ⅰ. ①胶… Ⅱ. ①杨… Ⅲ. ①胶凝－砾石－土石坝－坝基－研究②胶凝－砾石－土石坝－坝体－剖面－研究 Ⅳ. ①TV641

中国版本图书馆CIP数据核字(2021)第187734号

书　　名	**胶凝砂砾石坝地基适应性及坝体剖面形式研究** JIAONING SHALISHI BA DIJI SHIYINGXING JI BATI POUMIAN XINGSHI YANJIU
作　　者	杨世锋　著
出版发行	中国水利水电出版社 （北京市海淀区玉渊潭南路 1 号 D 座　100038） 网址：www.waterpub.com.cn E-mail：sales@waterpub.com.cn 电话：（010）68367658（营销中心）
经　　售	北京科水图书销售中心（零售） 电话：（010）88383994、63202643、68545874 全国各地新华书店和相关出版物销售网点
排　　版	中国水利水电出版社微机排版中心
印　　刷	北京中献拓方科技发展有限公司
规　　格	170mm×240mm　16 开本　7.25 印张　142 千字
版　　次	2021 年 8 月第 1 版　2021 年 8 月第 1 次印刷
印　　数	001—500 册
定　　价	**48.00** 元

前言

胶凝砂砾石坝是一种介于混凝土重力坝与碾压土石坝之间的新坝型，具有广阔的应用前景，推广经济、安全、施工方便、低碳、环境友好的胶凝砂砾石坝也具有重要的现实意义。目前，国内外对胶凝砂砾石坝基础理论和工程实践仍需不断完善和深入研究。

本书是在“十三五”国家重点研发计划“新型胶结颗粒料坝建设关键技术——胶结颗粒料坝物理、数值模型与性态演变规律”基础上完成的。主要内容包括：第1章绪论，总结了胶凝砂砾石的发展历程和研究现状；第2章胶凝砂砾石材料力学特性及相关理论研究，主要介绍了胶凝砂砾石坝稳定和强度分析的主要理论方法；第3章胶凝砂砾石坝地基适应性数值分析，得到了不同类型胶凝砂砾石坝所适应的地基条件；第4章坝体参数变化对地基条件的影响，分别讨论了胶凝材料含量、坝高、上下游坝坡等因素对胶凝砂砾石坝地基适应性的影响和变化规律；第5章100m级胶凝砂砾石坝剖面设计，研究分析了不同胶凝材料含量时，岩石地基和岩土地基上100m级胶凝砂砾石坝剖面的设计；第6章胶凝砂砾石坝性态演变规律分析，研究了不同冻融条件下胶凝砂砾石坝的应力及变形状况，探讨了当胶凝材料含量比较低时胶凝砂砾石坝的抗冻融措施；第7章100m级胶凝砂砾石坝剖面设计准则，提出了基于设计理论和仿真分析的剖面设计准则。

在项目研究和本书编写过程中，中国水利水电科学研究院、四川大学、郑州大学、长江水利委员会长江科学院、中水珠江规划勘测设计有限公司等同行专家提出了很多宝贵意见。在此谨向他们表示衷心的感谢。

由于作者水平有限，书中难免存在不足之处，敬请广大读者批评指正。

作者

2021年4月

目 录

第1章

绪　论

1.1　研究背景及意义

胶凝砂砾石坝是指筑坝材料使用少量的胶凝材料和工程现场直接挖掘的砂砾石料进行拌和、铺料、碾压之后形成的坝体，是一种介于混凝土重力坝与碾压土石坝之间的新坝型。

胶凝砂砾石坝兼具碾压混凝土坝和堆石坝的优点。与碾压混凝土坝相比，水泥用量少，骨料制备和拌和设施大为简化，温控措施可以取消，施工速度明显加快，工程造价显著降低；与堆石坝相比，工程量显著降低，抗渗透变形和抗冲刷能力增强，具有明显的优越性。另外，由于人工材料的减少，骨料标准的降低，弃渣料的利用，可有效地节约资源，最大限度地避免土地植被的破坏，减少对自然环境的影响。因此，胶凝砂砾石坝属于经济、安全、施工方便、低碳、环境友好的新坝型。

绿色发展已然成为新时代发展的主流理念，因此，新型材料的研究不仅仅是寻求与自然的和谐发展，也是我国水利事业科学发展的重要方向。推广经济、安全、施工方便、低碳、环境友好的胶凝砂砾石新坝型，具有广阔的应用前景和重要的现实意义。

1.2　国内外胶凝砂砾石坝研究现状

1.2.1　国外研究现状

20世纪70年代，拉斐尔（Raphael. J. M）教授在美国加州举办的“混凝土快速施工会议”上，首次阐述了其“最优重力坝”构想。20世纪80年代，世界上第一座碾压混凝土重力坝——Willow Creek在美国建成，工程依托于

Raphael的想法，筑坝材料胶凝材料含量（以下简称“胶凝含量”）为66 kg/m³，坝体不设置纵缝，采用连续浇筑，5个月时间完成施工，工期相比常态混凝土重力坝减少1～1.5年，施工成本减少60%左右，充分表明了碾压混凝土坝的巨大优势。在第14届国际大坝会议上，Londe. P提出新的构想，使用胶凝材料含量更低的筑坝材料，修建坡度为1∶0.7～1∶0.75的对称剖面坝，这样可以降低坝体应力，放宽对筑坝材料的要求。1992年，他再次对这种坝型进行了更为细致的阐述，认为放宽对碾压混凝土性能和技术的要求，获得一种“硬填方”而非高强度混凝土，不仅具有较高的安全性能，而且可以大幅度减少成本，于是他将这一坝型称为FSHD（Faced Symmetrical Hardfill Dam），筑坝材料称为Hardfill材料。

Londe等的研究表明，该坝型技术优势明显，不仅造价低廉、施工便利，而且具有更高的安全性和更好的抗震性能。由于坝体基本剖面相比常规重力坝断面增大了近70%，大大降低了坝体的应力，且一般不会出现拉应力，因此，强度较低的材料即可满足建坝要求。已开展的试验表明，胶凝材料用量为70kg/m³（水泥用量为35kg/m³）时，Hardfill材料90d抗压强度可达5MPa以上，即可满足一座坝高100m的Hardfill坝的要求。而且，通过在坝体上游坝面设置专门的防渗设施，比如低坝上游坝面做成富浆混凝土，高坝可设置混凝土面板解决坝体防渗问题，坝体材料本身不承担防渗任务，降低了坝体材料的要求。同时由于胶凝材料用量的减少，由水化反应而引起的温度作用大大降低。试验表明，胶凝材料用量为70kg/m³时，Hardfill材料的绝热温升一般在5℃左右，而弹性模量也低于10GPa，温度应力比碾压混凝土要小得多。由于Hardfill坝的上述特点，使其在施工中可通仓碾压、不设纵横缝、不采取任何温控措施、连续上升等，实现了高效快速施工。

该技术自在法国提出后，立即受到坝工界关注，1993年，Londe亲自担任技术顾问，在希腊Myconos岛建成了世界上第一座Hardfill坝——Marathia坝，坝高25m；1997年，另一座高32m的名为Anomera的Hardfill坝也在希腊建成；2001年，多米尼加建成高28m的Moncion坝。

随着技术的发展，土耳其建成了迄今为止世界上最高的Hardfill坝——Cindere坝（107m）。Cindere坝胶凝含量为50kg/m³水泥和20kg/m³粉煤灰，采用了对称体型剖面形式，在上游面设置防渗面板和排水系统，坝体未做任何处理。

日本发展了这一理念，将胶凝材料和水添加到河床砂砾石与开挖废弃料等在坝址附近容易获得的岩石基材中，然后用简易的设备进行拌和，不仅经济还可以充分利用施工过程中产生的弃料，减小对周围环境的影响。20世纪90年代以来，日本投入大量的人力、物力和财力去研究Hardfill坝技术，并称之为胶凝砂砾石坝（Cemented Sand and Gravel Dam），紧接着日本相继建成了Kubusugawa坝、Tyubetsu坝、Nagashima水库拦沙坝、Haizuka水库拦沙坝和Okukubi拦河坝等。20世纪末期，日本采用河床砂砾料加入少量水泥作为筑坝材料应用在长岛和久妇须川两座大坝的围堰施工中。这种技术的使用不仅大幅度减少施工成本，快速施工，并且具有很高的安全性。

根据统计资料，从20世纪80年代开始，胶凝砂砾石坝在国外已建成几十座，其中，日本、希腊、多米尼加、菲律宾、巴基斯坦、土耳其等国家均开展了相关的工程探索与实践。国外代表性胶凝砂砾石坝见表1.2-1。

表1.2-1　　国外代表性胶凝砂砾石坝

所在国家	坝　名	坝高/m	建成年份
希腊	Marathia	28	1993
希腊	Anomera	32	1997
多米尼加	Moncion	28	2001
菲律宾	Can-Asujan	40	2006
法国	St Martin de Londress	25	2005
土耳其	Cindere	107	2005
土耳其	Oyuk	100	—
日本	Nagashima	33	1993
日本	Haizuka	14	2000
日本	Okukubi	39	1999
日本	水无川泥石流坝	20	1996
日本	久妇须川坝	12	1995

1.2.2　国内研究现状

国内坝工界早期对胶凝砂砾石坝的系统性研究相对较少，但我国有专家曾提出过类似理念。早在1995年，武汉大学方坤河等发表了《推荐一种新坝型——面板超贫碾压混凝土重力坝》的文章，接着唐新军等展开了胶结堆石料的力学性能初步研究，并得出了一系列结论。

华北水利水电大学孙明权等依托水利部重点科研基金，在大量试验的基础上，系统研究了超贫胶结材料（胶结材料含量为0～80kg/m^3）的物理力学性能，提出了超贫胶结材料配合比设计的基本参数，给出了最佳水灰比及合理的粉煤灰超代系数，研究了不同胶结材料含量情况下超贫胶结材料的应力应变关系、抗剪强度指标和相应的残余强度，为坝体设计提供了依据。

此外，武汉大学何蕴龙教授也进行了材料配合比试验和结构模型试验，并采用有限单元法对硬填料坝结构特性进行了广泛的数值模拟，成果相对较丰富。上述坝型虽然名称有差异，但材料实质上和胶凝砂砾石坝是一致的。

在室内试验、模型试验、数值模拟及耐久性等研究取得进展的同时，近几年国内在工程实践应用方面也取得了可喜的成绩。国内胶凝砂砾石坝工程建设始于 2004 年，贵州省水利水电勘测设计研究院和武汉大学水利水电学院合作，在贵州省松道塘水库上游过水围堰工程中采用胶凝砂砾石坝方案，通过一系列室内和现场试验，获得了许多宝贵的数据，为我国胶凝砂砾石坝的设计和施工积累了经验。中国水利水电科学研究院和福建省水利水电勘测设计研究院也于 2005 年在福建街面水电站下游围堰采用胶凝砂砾石坝方案，并对胶凝砂砾石材料特性进行了研究。随着国内对该坝型研究的深入，硬填料围堰高度也逐步增加，如闽江工程局承建的福建宁德洪口水电站上游围堰也采用了胶凝砂砾石围堰，堰高 36.5m。

福建街面水电站下游围堰建设采用胶凝砂砾石坝新坝型，同时兼作下游量水堰，即有两种工作状态，其一是作为下游围堰，在施工期挡下游水；其二是作为堆石大坝的下游坡脚和量水堰，在大坝运行期挡水和堆石。

街面水电站下游胶凝砂砾石围堰于 2004 年 11 月 21 日开始施工，2004 年 12 月 3 日建成并投入使用，工期仅 13d，比原设计采用常态混凝土方案缩短 17d，造价降低约 25%，具有良好的社会、经济效益。

福建宁德洪口水电站上游围堰采用胶凝砂砾石围堰，堰高 36.5m。2006 年 1—3 月完成围堰施工，总填筑量为 3.2 万 m^3。建成 60d 后，成功抵御近 50 年一遇洪水坝顶过流的考验。

四川华能飞仙关水电站位于四川省雅安市芦山县飞仙关镇侧的青衣江河段上，为青衣江干流梯级开发的第一级，下一级为已建的雨城水电站。由于工程所处位置洪水位变化显著，加之工程所在位置场地狭窄，施工导流布置非常困难。为此，该工程一期纵向围堰采用了胶凝砂砾石坝，以减小围堰边坡，缩小围堰断面，从而确保明渠过流断面，同时也解决了抗冲防渗问题。2010 年 10 月至 2011 年 2 月为施工时段，堰顶全长约 335m，高度约 12m，迎水面和背水面坡度均为 1∶0.6。

在已建胶凝砂砾石围堰的基础上，由山西省水利水电勘测设计研究院与中国水利水电科学研究院联合设计的山西守口堡胶凝砂砾石坝也成功建设，最大设计坝高 60.6m，成为我国第一座永久性胶凝砂砾石工程。国内代表性胶凝砂砾石坝见表 1.2-2。

表 1.2-2 国内代表性胶凝砂砾石坝

所在地区	坝 名	坝高/m	建成年份
贵州	道塘水库上游围堰	7	2004
福建	街面水电站下游围堰	16.3	2005
福建	洪口水电站上游围堰	35.5	2006
云南	功果桥水电站上游围堰	50	2009
贵州	沙沱水电站左岸下游围堰	14	2009
山西	守口堡水库胶凝砂砾石坝	60.6	2019
四川	金鸡沟水库	33	—
四川	犍为岷江航电枢纽防洪堤	12	—

1.3 胶凝砂砾石坝地基适应性研究现状

在坝工设计和施工中，坝基岩体利用和开挖深度问题对大坝的安全和造价影响甚大。根据乔戈瓦泽对700多例失事或出现事故大坝的统计结果，31%的原因是坝基出现了问题，故坝基的选择对大坝的安全有决定性的作用。不同的坝型由于其工作原理等不同，对地基条件的适应性也有所不同。重力坝、土石坝、堆石坝等不同坝型对地基的适应条件比较成熟且有相关规范。

1.3.1 混凝土重力坝对地基条件的适应性

重力坝是用混凝土或石材等材料修筑，主要依靠坝体自重保持稳定。混凝土重力坝具有整体性好、强度高、坝体剖面小、抗冲刷及渗透变形能力强等优点，不足之处则是适应变形能力差、对地基要求高、水泥用量多、温控要求高和施工难度大。我国现行混凝土重力坝设计规范对坝基的要求做了相应的规定，概括起来有强度、抗滑、抗渗等方面的要求：

(1) 具有足够的强度以承受坝体的压力。

(2) 具有足够的整体性和均匀性以满足坝基抗滑稳定要求和减少不均匀沉陷。

(3) 具有足够的抗渗性以满足渗透控制要求。

(4) 具有足够的耐久性以防岩体性质在水的长期作用下发生恶化。

坝高超过100m时，可建在新鲜、微风化至弱风化下部基岩上；坝高50～100m时，可建在微风化至弱风化中部基岩上；坝高小于50m时，可建在弱风化中部至上部基岩上。

1.3.2 土石坝对地基条件的适应性

土石坝是由土、石料等当地材料填筑而成。土石料作为散粒体，抗剪强度指标比较低，用土石料筑坝其坝体剖面由自身稳定控制。土石坝底面积大，坝基应力较小，坝身具有一定的适应变形能力，坝身断面分区和材料的选择也具有灵活性。所以，土石坝对天然地基的强度和变形要求，以及地基处理标准等都低于混凝土坝。但是，土石坝地基本身的承载力、强度、变形和抗渗能力等条件一般远不如混凝土坝地基，所以对土石坝地基处理的要求不能放松。

《碾压式土石坝设计规范》（SL 274—2020）中土石坝地基应满足渗流控制（包括渗透稳定和控制渗流量）、静力和动力稳定、允许沉降量和不均匀沉降量等方面的要求。土石坝能适应各种不同地形、地质和气候条件，几乎任何不良地形，经处理后都可以满足渗流、稳定、强度方面的要求，均可修建土石坝，土石坝对地基的要求如下：

（1）岩基：当岩基透水性强，或含有软弱夹层、风化破碎带、易发生化学侵蚀带等时对其进行处理，使坝体、坝基满足渗流和稳定要求。

（2）砂砾石地基：地基承载力一般满足要求，而且压缩性较小，当地基中夹有松散砂层、淤泥层、软黏土层等时，对其进行处理以满足变形要求。另外，砂砾石地基上建坝主要进行渗流控制。

（3）易液化土、软黏土和湿陷性黄土地基：通过挖除、置换、加密等措施满足稳定、变形、渗透方面的要求。

1.3.3 堆石坝对地基条件的适应性

堆石坝是石料经抛填、碾压等方法堆筑成的一种坝型。混凝土面板堆石坝由于堆石填筑质量提高，堆石体的压缩量小，面板防渗效果好，技术上成熟而成为富有竞争力的坝型。混凝土面板堆石坝在结构上具有碾压堆石密度大、抗剪强度高、工程量小、造价低、抗震性较好等优点。

混凝土面板堆石坝对地基的要求主要是趾板和堆石坝体两部分，设计规范中对地基的要求如下：

（1）趾板地基：宜置于坚硬、不冲蚀和可灌浆的弱风化至新鲜基岩上，对置于强风化或有地质缺陷的基岩上的趾板，应采取专门的处理措施。中低坝的趾板可置于砂砾石地基上，高坝应经专门论证。

（2）堆石坝体地基：可置于风化岩基上，变形模量不应低于堆石体的变形模量，趾板下游30%～50%坝高范围内的堆石体地基宜具备低压缩性。

在当前社会和经济条件下，对更加注重节约成本和保护环境的新筑坝技术的要求越来越高。随着大坝建设的发展，可直接利用的地基条件已基本开发完成，大规模开挖以及产出率的减小而带来的高额成本和对环境的损害，正成为大坝建设中重点关注的问题。特别是近年来大坝建设与环境的关系引起越来越多人的关注，材料合理化利用概念的提出被期望显著减少建设成本和环境负担。胶凝砂砾石筑坝技术能够利用河床砂砾石和开挖废弃料，能够避免大规模的建坝材料开采，对环境的不利影响较小，且实现了筑坝材料的合理化利用，使之成为一种非常有竞争力的新坝型。

现阶段，我国大坝地基岩体的划分是以岩石的分化程度来作为划分依据的，根据岩体的风化程度将岩体划分为全风化、强风化、弱风化、微风化和新鲜 5 类。根据多年建坝经验，大坝对地基条件的要求与筑坝材料和坝体结构形式紧密相关。前文已叙述了重力坝、土石坝、堆石坝对地基条件的适应情况，胶凝砂砾石坝从材料性能上介于混凝土坝与土石坝之间，那么，不同胶凝含量的胶凝砂砾石坝对地基要求如何，是此次研究的重点内容。

1.4 胶凝砂砾石坝结构设计研究现状

胶凝砂砾石坝是一种介于重力坝与土石坝之间的新坝型，其坝体剖面一直是人们研究的热点。重力坝的基本剖面通常是上游面竖直或略向上游倾斜或有折坡点的三角形断面，土石坝一般是上下游坡比相对要缓很多的梯形断面。显然，胶凝砂砾石坝的基本断面在理论上应该介于三角形和梯形之间。直三角形坝和梯形坝的主要区别在于直三角形坝通过连接坝体和岩基以抵抗拉应力，尤其是坝趾和坝踵处临近区域产生的拉应力；而日本大坝工程技术中心通过研究发现，梯形坝坝基与岩基不需要连接就可以保持压应力，形成了阻止倾覆的有利条件，故梯形坝的抗倾覆能力强于直三角形坝。

胶凝砂砾石坝的基本剖面通常采用梯形，上游坝面设置面板或其他防渗设施。宽厚的梯形剖面会使得应力分布均匀，使坝体应力水平降低。因此，胶凝砂砾石坝对筑坝材料和骨料的要求并不高，可以使用不处理或稍处理的河床开挖料或附近石料场的软岩，大大降低了材料成本和时间成本，也由此获得了众多水利工程项目的欢迎。

近年来，随着国内学者对胶凝砂砾石筑坝技术理论研究的不断推进，中国水利水电科学研究院的贾金生教授、武汉大学的何蕴龙教授、福建省水利水电勘测设计研究院的杨首龙教授在各自团队开展了关于胶凝砂砾石材料坝的研究，对胶凝砂砾石坝的结构特性、耐久性及断面设计等进行分析，不断有理论成果涌现。同时，华北水利水电大学孙明权等以水利部重点科研项目“超贫胶结材料坝研究”及水利部公益性行业科研项目“胶凝砂砾石材料力学特性、耐久性及坝型研究”为基础，对超贫胶结材料即胶凝砂砾石材料的物理力学特性进行了大量的系统性实验，分析总结出在不同胶凝含量的情况下，材料的应力应变关系和抗剪强度指标等，为胶凝砂砾石坝的剖面设计提供了依据。其中，在研究胶凝砂砾石坝剖面设计方面，孙明权教授所带领的胶凝砂砾石坝课题组的研究成果具有一定的代表性：

(1) 当胶凝含量为 80.0kg/m³ 时，胶凝砂砾石材料已经完全胶结成为整体，材料的抗剪强度基本可以满足直坡要求，坝坡自身稳定不再是剖面设计的控制因素。因此，当胶凝含量达 80.0kg/m³ 以上时，基本不存在坝坡自身稳定问题，控制坝体剖面的应该是坝体整体稳定和坝体应力状况，此时的坝体剖面应属于重力坝剖面，应按重力坝理论设计。由于重力坝的最大、最小应力出现在坝体表面，而坝体表面为一维应力状态，因此，其最大应力是以单轴实验的抗压强度进行校核。

(2) 当胶凝含量为 40.0kg/m³ 时，大坝在满足自身稳定时，坡比在 1∶0.7 左右时达到临界，接近于一般混凝土重力坝的下游坡比，为满足其坝体自身稳定，坝体剖面呈上、下游基本对称的梯形剖面。此时坝体剖面比混凝土重力坝肥大得多，因此不存在整体稳定问题，剖面形式类似于土石坝。坝体应力分布规律也类似于土石坝，此时坝体剖面由坝坡自身稳定及坝体局部抗剪强度控制。坝体剖面应按土石坝理论设计，即进行坝体边坡自身稳定和坝体内部应力水平校核。

(3) 当胶凝含量为 40.0～80.0kg/m³ 时，满足坝坡自身稳定的临界坡比从 1∶0.7 过渡到直坡，坝体剖面逐步从类似于土石坝剖面过渡到混凝土重力坝剖面，此时胶凝砂砾石坝既有混凝土重力坝的特征又有土石坝的特征。也就是说坝体剖面设计的上、下游边坡首先要满足坝坡自身稳定的边坡要求，当满足这一要求的边坡比较陡（如小于 1∶0.5）时，坝体的下游边坡还要满足坝体的整体稳定要求。强度校核标准要根据坝体的应力分布状况而确定。最大、最小应力出现在坝体表面，按单轴抗压、抗拉强度校核；最大应力出现在坝体内部，既要校核坝体内部应力水平，又要按坝体边缘应力校核其抗压、抗拉强度。土耳其 Cindere 坝坝高 107m，胶凝砂砾石材料 180d 龄期的强度也仅有 6MPa。这一强度如果按重力坝规范标准进行强度校核，很难满足强度要求。

虽然我国在 2014 年发布实施了《胶结颗粒料筑坝技术导则》（SL 678—2014），但是在导则中并没有对胶凝砂砾石材料的本构模型进行较为详尽的论述，并且基本参照《碾压式土石坝设计规范》（SL 274—2020）和《混凝土重力坝设计规范》（SL 319—2018）的设计要求对坝体构造及断面进行设计，没有足够的理论支撑。

基于以上理论，作者认为，胶凝砂砾石坝的设计和施工不应局限于经验指导的水平，而应将坝的稳定性与经济性、筑坝材料、坝体剖面尺寸、施工技术等结合其中。目前国内外 100m 级胶凝砂砾石坝仅有土耳其 Oyuk 坝和 Cindere 坝，并且没有严格的设计控制标准。100m 级坝属于高坝，坝体剖面形式、筑坝材料和地基适应性都有严格的要求，所以 100m 级胶凝砂砾石坝设计准则研究具有重要的意义。

1.5 研究内容

(1) 确定胶凝砂砾石坝坝体基本剖面。通过对已完成的胶凝砂砾石材料试验结果的整理，结合重力坝坝体剖面稳定及应力分析的方法，对不同坝高及胶凝含量的胶凝砂砾石坝进行稳定和应力分析，确定计算所需的胶凝砂砾石坝的基本剖面。

(2) 确定胶凝砂砾石坝地基适应性控制标准。材料力学法是通过坝踵坝趾处铅直应力不大于坝基容许应力来对坝基的选择进行控制，而有限单元法是通过坝基面拉应力区的相对宽度来对坝基的选择进行控制。通过对上述两种控制标准下的胶凝砂砾石坝计算所得到结果进行对比分析论证，从而确定胶凝砂砾石坝地基适应性控制标准。

(3) 确定不同类型胶凝砂砾石坝地基适应性及影响分析。根据确定的胶凝砂砾石坝地基适应性控制标准，得到不同类型的胶凝砂砾石坝适应地基条件。将胶凝含量、坝高、上下游坡比 3 个坝体参数作为胶凝砂砾石坝地基适应性的影响因素，通过分析变化因素对胶凝砂砾石坝地基适应性的影响，确定不同类型胶凝砂砾石坝的地基适应性。

(4) 100m 级胶凝砂砾石坝剖面设计研究。根据典型胶凝砂砾石料本构模型和大坝设计理论进行 100m 级胶凝砂砾石坝剖面设计研究，利用胶凝砂砾石坝全过程数值仿真平台对不同剖面和坝体材料的坝体施工和运行期性态演变规律进行分析，提出 100m 级胶凝砂砾石坝剖面设计准则。主要包括 100m 级胶凝砂砾石坝剖面设计、胶凝砂砾石坝性态演变规律分析和 100m 级胶凝砂砾石坝剖面设计准则等 3 个方面。

第2章

胶凝砂砾石材料力学特性及相关理论研究

胶凝砂砾石坝的安全评价包括抗滑稳定分析和强度分析两个方面。由于目前国内胶凝砂砾石坝还没有形成专门的技术规范，施工技术也尚不成熟，缺乏专门的强度和稳定分析理论，参考国内外已建工程的分析方法，结合胶凝砂砾石材料力学特性对胶凝砂砾石坝进行设计。

2.1 胶凝砂砾石坝坝体稳定分析理论

常规的重力坝设计一般采用经剖面优化设计后经济合理的剖面以及大坝混凝土，以满足坝体设计剖面对材料强度的要求，而胶凝砂砾石坝的设计方法与混凝土重力坝有所不同，其剖面是基于胶凝砂砾石材料进行设计的。结合具体工程要求，通过考察在坝址附近易于获得的骨料，配以适量的水泥和水，经振动碾压制成满足工程要求的胶凝砂砾石材料。根据此种胶凝砂砾石材料的力学性质进行大坝设计，使坝体形式与筑坝材料相协调。

胶凝砂砾石材料在力学特性上介于混凝土和土石材料之间，相对于砂石料有较高的抗剪强度、抗压强度、变形模量和抗冲能力，同时又不像混凝土材料那样要求胶凝材料包裹细骨料并填满粗骨料间隙形成实体。胶凝砂砾石料的抗压强度主要受骨料级配、胶凝含量、用水量、龄期等因素的影响。低水泥含量是胶凝砂砾石材料的基本特性，目前各方面的研究都表明，胶凝砂砾石材料水泥含量为 50～60kg/m^3时即可达到 5MPa(90d) 的无侧限抗压强度。同时根据国内外已开展的胶凝砂砾石材料试验，胶凝砂砾石材料是一种典型的弹塑性材料，但由于坝体的应力水平较低，处于材料的弹性范围内，所以目前胶凝砂砾石坝一般是按弹性体设计的。故坝体稳定及应力分析采用重力坝的计算方法和控制标准。

抗滑稳定分析是重力坝设计中的一项重要内容，其目的是核算坝体沿坝基面或坝基内缓倾角软弱结构面抗滑稳定的安全度。目前在传统的稳定计算分析中，极限平衡法最为常用，也是当前设计过程中解决实际稳定问题最为有效的方法之一。胶凝砂砾石坝虽然具有较大的坝体剖面，但对其进行整体稳定性的评价分析也必不可少，采用的方法为刚体极限平衡法或有限单元法。

(1) 刚体极限平衡法。刚体极限平衡法抗滑稳定分析计算主要核算坝基面滑动条件，常用的计算分析是采用抗剪断强度公式或抗剪强度公式计算坝基面的抗滑稳定安全系数。下面分别对两种方法进行介绍，以了解两种方法的不同及适用条件。

1) 抗剪强度公式。将坝体与基岩间看成一个接触面，而不是胶结面。当接触面呈水平时，其抗滑稳定安全系数 K_s 为

$$K_s=\frac{f(\sum W-U)}{\sum P} \tag{2.1-1}$$

式中：$\sum W$ 为接触面以上的总铅直力，kN；$\sum P$ 为接触面以上的总水平力，kN；U 为作用在接触面上的扬压力，kN；f 为接触面间的抗剪摩擦系数。

式 (2.1-1) 形式简单，对抗剪摩擦系数 f 的选择多年来积累了丰富的经验，在国内外应用广泛。但由于抗剪强度公式未考虑坝体混凝土与基岩间的凝聚力，而将其作为安全储备，因此相应的安全系数 K_s 值只是一个抗滑稳定的安全指标，并不反映坝体真实的安全程度。《混凝土重力坝设计规范》(SL 319—2018) 中规定：用抗剪强度公式设计时，各种荷载组合情况下的安全系数不应小于表 2.1-1 规定的数值。

表 2.1-1　　坝基面抗滑稳定安全系数 K_s

荷载组合		坝的级别		
		1	2	3
基本组合		1.10	1.05	1.05
特殊组合	(1)	1.05	1.00	1.00
	(2)	1.00	1.00	1.00

2) 抗剪断强度公式。利用抗剪断强度公式时，认为坝体混凝土与基岩接触良好，直接采用接触面上的抗剪断参数 f' 和 c' 计算抗滑稳定安全系数。此处 f' 为抗剪断摩擦系数，c' 为抗剪断凝聚力。

$$K_s'=\frac{f'(\sum W-U)+c'A}{\sum P} \tag{2.1-2}$$

式中：$\sum W$ 为接触面以上的总铅直力，kN；$\sum P$ 为接触面以上的总水平力，kN；U 为作用在接触面上的扬压力，kN；f' 为接触面间的抗剪断摩擦系数；c' 为接触面间的抗剪断凝聚力，kPa；A 为坝基接触面截面积，m^2。

上述抗剪断强度公式直接采用接触面上的抗剪断强度参数，物理概念明

确，比较符合坝体的实际工作状况，已日益为各国所采用。表 2.1-2～表 2.1-3 对坝体混凝土与坝基接触面之间的抗剪断摩擦系数 f'、抗剪断凝聚力 c' 和抗剪摩擦系数 f 的取值做了相关规定。同时《混凝土重力坝设计规范》(SL 319—2018) 建议：当坝基内不存在可能导致深层滑动的软弱面时，应按抗剪断强度公式计算；对中型工程中的中、低坝，也可按抗剪强度公式计算。表 2.1-4 对于采用抗剪强度公式设计时，各种荷载组合情况下安全系数的规定也进行了说明。

表 2.1-2　坝基岩体力学参数

岩体分类	混凝土与坝基接触面			岩体		变形模量
	f'	c'/MPa	f	f'	c'/MPa	E_0/GPa
Ⅰ	1.50～1.30	1.50～1.30	0.85～0.75	1.60～1.40	2.50～2.00	40.0～20.0
Ⅱ	1.30～1.10	1.30～1.10	0.75～0.65	1.40～1.20	2.00～1.50	20.0～10.0
Ⅲ	1.10～0.90	1.10～0.70	0.65～0.55	1.20～0.80	1.50～0.70	10.0～5.0
Ⅳ	0.90～0.70	0.70～0.30	0.55～0.40	0.80～0.55	0.70～0.30	5.0～2.0
Ⅴ	0.70～0.40	0.30～0.05	—	0.55～0.40	0.30～0.05	2.0～0.2

注　1. f'、c' 为抗剪断参数，f 为抗剪参数。
2. 表中参数限于硬质岩，软质岩应根据软化系数进行折减。

表 2.1-3　结构面、软弱层和断层力学参数

类　型	f'	c'/MPa	f
胶结的结构面	0.80～0.60	0.250～0.100	0.70～0.55
无充填的结构面	0.70～0.45	0.150～0.050	0.65～0.40
岩块岩屑型	0.55～0.45	0.250～0.100	0.50～0.40
岩屑夹泥型	0.45～0.35	0.100～0.050	0.40～0.30
泥夹岩屑型	0.35～0.25	0.050～0.020	0.30～0.23
泥	0.25～0.18	0.005～0.002	0.23～0.18

注　1. f'、c' 为抗剪断参数，f 为抗剪参数。
2. 表中参数限于硬质岩中的结构面。
3. 软质岩中的结构面应进行折减。
4. 胶结或无充填的结构面的抗剪断强度，应根据结构面的粗糙程度选取大值或小值。

表 2.1-4　坝基面抗滑稳定安全系数 K_s'

荷载组合	K_s'	
基本组合	3.0	
特殊组合	(1)	2.5
	(2)	2.3

在白沙和洪口围堰的设计中，均采用了刚体极限平衡法进行抗滑稳定计算，并与对应的碾压混凝土坝断面计算结果进行了对比。郭诚谦认为整体稳定应作为这种坝的主要破坏形式，建议抗滑稳定安全系数取值不小于 2.5～3.0，并在刚体极限平衡法基础上推导了有关公式。

（2）有限单元法稳定分析。重力坝的失稳破坏机理是比较复杂的，包括断裂、剪切滑移和压碎等，实质上是一个混凝土和岩石的强度问题。随着计算机和有限元理论的发展，利用有限单元法分析坝体和坝基的应力与稳定，是近年来水工设计的重要途径之一。有限单元法解决了过去难以用弹性理论求解的问题，诸如复杂的边界条件、复杂的地质工程条件等。但由于目前有限单元法缺少相应的判别准则，有限单元法一直作为坝体稳定抗滑分析的参考依据。抗剪断强度公式法形式简单，多年来积累了丰富的经验，在国内外应用广泛，故胶凝砂砾石坝坝体剖面稳定分析仍采用抗剪断强度公式校核。

2.2 胶凝砂砾石坝坝体应力分析理论

应力分析的目的是检验大坝在施工期和运用期是否满足强度要求，目前计算方法主要有材料力学法和有限单元法。胶凝砂砾石坝作为一种新坝型，对其进行坝体坝基应力分析校核也是必不可少的。胶凝砂砾石坝地基适应条件应力分析是为了计算胶凝砂砾石坝对地基强度的要求，进而提出满足胶凝砂砾石坝地基强度要求的地基类型。通过分别采用上述两种方法对胶凝砂砾石坝坝体、坝基进行应力计算，并在两种不同坝基应力控制标准下，得到各自标准下不同胶凝砂砾石坝适应的地基类型，进而为确定胶凝砂砾石坝地基适应性的计算方法及控制标准打下基础。

2.2.1 材料力学法

《混凝土重力坝设计规范》（SL 319—2018）认为设计时主要依据材料力学分析成果进行大坝应力安全评价。考虑到胶凝砂砾石坝应力水平低，材料特性有不少与混凝土相似之处，目前在国内一些临时围堰设计中也主要采用材料力学法进行计算分析。

材料力学法对水平截面上的正应力进行了直线分布的假设，故以坝体边缘应力作为坝体应力的控制标准，具体公式如下：

（1）坝基面铅直正应力计算公式：

$$\sigma_{yu}=\frac{\sum W}{B}+\frac{\sum M}{B^2} \tag{2.2-1}$$

$$\sigma_{yd}=\frac{\sum W}{B}-\frac{\sum M}{B^2} \tag{2.2-2}$$

式中：B 为计算截面的宽度，m；$\sum W$ 为作用于计算截面以上全部荷载的铅直分力的总和，kN；$\sum M$ 为作用于计算截面以上全部荷载对截面垂直水流流向形心轴的力矩总和，kN·m。

（2）坝体主应力计算公式：

$$\sigma_{1u}=(1+n^2)\sigma_{yu}-p_u n^2 \tag{2.2-3}$$

$$\sigma_{1d}=(1+m^2)\sigma_{yd}-p_d m^2 \tag{2.2-4}$$

$$\sigma_{2u}=p_u \tag{2.2-5}$$

$$\sigma_{2d}=p_d \tag{2.2-6}$$

式中：σ_{yu} 为上游边缘铅直正应力，kPa；σ_{yd} 为下游边缘铅直正应力，kPa；σ_{1u} 为上游面第一主应力，kPa；σ_{2u} 为上游面第二主应力，kPa；σ_{1d} 为下游面第二主应力，kPa；σ_{2d} 为下游面第二主应力，kPa；p_u 为上游面水压力强度，kPa；p_d 为下游面水压力强度，kPa；n 为上游坝坡坡率；m 为下游坝坡坡率。

材料力学法评价大坝应力具有一定的合理性及很好的可操作性，便于掌握运用。对于中等高度的大坝，其设计指标的可靠性是经过实际工程检验的，因此胶凝砂砾石坝坝体坝基应力计算分析可优先按传统材料力学法进行。

2.2.2 有限单元法

对于坝体坝基岩体的应力验算并确定合理的建基面，除运用材料力学法外，各类数值分析方法也成为建基面选取研究中必不可少的手段。我国《混凝土重力坝设计规范》（SL 319—2018）规定，不能作为平面问题处理的坝体或坝段，以及其他不能用材料力学法进行应力分析的结构，可采用有限单元法进行分析。它的基本思想是：将连续的求解区域离散为一组有限个且按一定的方式相互联结在一起的单元组合体。由于单元可以按不同的方式进行联结组合，且单元本身又可以有各种不同的形状，因此可以将几何形状复杂的求解区域模型化。可同时对胶凝砂砾石坝进行有限元分析，并将其计算结果与材料力学法计算结果做对比研究。

有限单元法的解题过程如下：

（1）将结构进行离散化，包括单元划分、结点编号、单元编号、结点坐标计算、位移约束条件的确定。

（2）等效结点力的计算，一般分为两步进行：第一步是按单元逐个分析，按公式或静力等效原则计算体积力、表面力的等效结点力，再进行叠加，得到每个单元的等效结点力荷载；第二步是对每一结点所有环绕该结点的单元求和，从而得到整个结构的结点力荷载列阵。

（3）刚度矩阵的计算，一般也分为两步进行：第一步是逐个计算每个单元刚度矩阵；第二步是将第一步计算所得的单元矩阵组装形成整体刚度矩阵。

（4）建立整体平衡方程，引入约束条件，求解结点位移。

（5）应力计算。

目前，国内外研究趋向于在材料单轴或三轴试验基础上，建立适合的本构模型并采用有限单元法进行数值模拟，将胶凝砂砾石材料作为弹性材料来研究，故对其进行线弹性有限元分析。坝体及坝基单元主要采用了二维、四结点、四边形等参单元，仅在坝坡边缘采用了少量的三结点三角形单元。

2.2.2.1 四边形等参单元的计算公式

(1) 单元应变：

$$\{\varepsilon\}=[\varepsilon_x \quad \varepsilon_y \quad \gamma_{xy}]^{\mathrm{T}}=[B_1 \quad B_2 \quad B_3 \quad B_4]\{\delta\}^e \tag{2.2-7}$$

其中，应变矩阵：

$$[B_i]=\begin{bmatrix}\dfrac{\partial N_i}{\partial x} & 0 \\ 0 & \dfrac{\partial N_i}{\partial y} \\ \dfrac{\partial N_i}{\partial y} & \dfrac{\partial N_i}{\partial x}\end{bmatrix}(i=1,2,3,4) \tag{2.2-8}$$

式中：$\{\delta\}^e$ 为单元结点位移列阵；N_i 为单元的形函数，对于四边形等参单元，$N_i=\frac{1}{4}(1+\xi_i\xi)(1+\eta_i\eta)$，$i=1，2，3，4$；$\xi$、$\eta$ 为单元的局部坐标。

(2) 单元应力：

$$\{\sigma\}=[\sigma_x \quad \sigma_y \quad \tau_{xy}]^{\mathrm{T}}=[D][B]\{\delta\}^e \tag{2.2-9}$$

式中：$[D]$ 为弹性矩阵。

(3) 单元刚度矩阵。由虚功原理可导出单元的结点位移与结点力之间的关系式：

$$\begin{aligned}\{F\}^e&=\iint_A [B]^{\mathrm{T}}\{\sigma\}\mathrm{d}x\mathrm{d}y\\&=\iint_A [B]^{\mathrm{T}}[D][B]\mathrm{d}x\mathrm{d}y\{\delta\}^e\\&=[k]\{\delta\}^e\end{aligned} \tag{2.2-10}$$

式中：$\{F\}^e$ 为单元的结点力列阵，也就是单元的等效结点荷载；$[k]$ 为单元刚度矩阵。

对于四结点等参单元：

$$[k]=\int_{-1}^{1}\int_{-1}^{1}[B]^{\mathrm{T}}[D][B]|J|\mathrm{d}\xi\mathrm{d}\eta \tag{2.2-11}$$

式中：$|J|$ 为 Jacobi 矩阵的模。

在等参单元的有限元计算中，积分 $\int_{-1}^{1}\int_{-1}^{1}[B]^{\mathrm{T}}[D][B]|J|\mathrm{d}\xi\mathrm{d}\eta$ 是由高斯(Gauss) 求积法的数值积分来实现的，即在单元内选出某些积分点，求出被积函数在这些积分点处的函数值，然后用对应的加权系数乘上这些函数值，再求出总和，将其作为近似的积分值。由一维求积公式导出：

$$\int_{-1}^{1} f(\xi,\ \eta)\mathrm{d}\xi=\sum_{i=1}^{n} H_i f(\xi_i,\ \eta)=\phi(\eta) \tag{2.2-12}$$

由式（2.2-12）推广得二维求积公式：

$$\int_{-1}^{1}\int_{-1}^{1} f(\xi,\ \eta)\mathrm{d}\xi\mathrm{d}\eta=\sum_{i=1}^{n_1}\sum_{j=1}^{n_2} H_i H_j f(\xi_i,\ \eta_j) \tag{2.2-13}$$

式中：n_1、n_2分别为沿ξ、η方向的积分点数目；ξ_i、η_j分别为同一积分点在ξ、η方向的坐标；H_i、H_j分别为同一积分点在ξ、η方向的一维加权系数。

（4）整体刚度矩阵：

$$[K]=\sum_{i=1}^{4}[G]^{\mathrm{T}}[k][G] \tag{2.2-14}$$

式中：$[G]$为单元结点转换矩阵；$[K]$为线性整体刚度矩阵。

（5）位移模式：

$$\begin{cases} u=\sum_{i=1}^{4} N_i u_i \\ v=\sum_{i=1}^{4} N_i v_i \end{cases} \tag{2.2-15}$$

式中：u_i为单元结点水平向位移；v_i为单元结点竖向位移。

（6）单元的等效结点荷载。

1）任意一点受有集中荷载$\{P\}=\{P_x\quad P_y\}^{\mathrm{T}}$时，等效结点荷载为

$$\{R_p\}^{\mathrm{e}}=[N]^{\mathrm{T}}\{P\} \tag{2.2-16}$$

2）单元受有体力$\{P\}=[X\quad Y]^{\mathrm{T}}=[0\quad -\rho]^{\mathrm{T}}$时，等效结点荷载为

$$\{R_p\}^{\mathrm{e}}=\iint_A [N]^{\mathrm{T}}\{P\}t\,\mathrm{d}x\mathrm{d}y \tag{2.2-17}$$

对于等参单元：

$$\begin{aligned}\{R_p\}^{\mathrm{e}}&=\int_{-1}^{1}\int_{-1}^{1}[N]^{\mathrm{T}}\{P\}|J|\mathrm{d}\xi\mathrm{d}\eta t\\&=\sum_{g=1}^{n} H_g([N]^{\mathrm{T}}\{P\}|J|)_g t\end{aligned}$$

对于三角形单元：

$$\{R_p\}^{\mathrm{e}}=\left[0\quad -\frac{\rho A t}{3}\quad 0\quad -\frac{\rho A t}{3}\quad 0\quad -\frac{\rho A t}{3}\right]^{\mathrm{T}}$$

3）单元的边界上有均布荷载时，等效结点荷载为

$$\{R_p\}^{\mathrm{e}}=\int_s [N]^{\mathrm{T}}\{P\}t\,\mathrm{d}s \tag{2.2-18}$$

2.2.2.2 三角形单元的计算公式

（1）单元应变：

$$\{\varepsilon\}=[\varepsilon_x\quad \varepsilon_y\quad \gamma_{xy}]^{\mathrm{T}}=[B_i\quad B_j\quad B_m]\{\delta\}^{\mathrm{e}} \tag{2.2-19}$$

其中，应变矩阵：

$$[B_i]=\frac{1}{2A}\begin{bmatrix}b_i & 0\\ 0 & c_i\\ c_i & b_i\end{bmatrix}\quad (i,\ j,\ m)$$

单元面积：

$$A=\frac{1}{2}\begin{vmatrix}1 & x_i & y_i\\ 1 & x_j & y_j\\ 1 & x_m & y_m\end{vmatrix}$$

(2) 单元应力：与等参应力中公式相同。

(3) 单元刚度矩阵：其任一分块矩阵可表示为

$$[K_{rs}]=[B_r]^{\mathrm{T}}[D][B_s]tA \tag{2.2-20}$$

(4) 整体刚度矩阵：与等参单元相同。

(5) 位移模式：

$$\begin{cases}u=\sum\limits_{i=1}^{3}N_iu_i\\ v=\sum\limits_{i=1}^{3}N_iv_i\end{cases} \tag{2.2-21}$$

其中，形函数：

$$N_i=(a_i+b_ix+c_iy)/2A\quad (i,\ j,\ m)$$

$$\begin{cases}a_i=x_jy_m-x_my_j\\ b_i=y_j-y_m\\ c_i=-x_j+x_m\end{cases}$$

2.3 本章小结

本章介绍了胶凝砂砾石坝稳定、强度分析的主要理论方法：抗剪稳定分析法、抗剪断稳定分析法、材料力学法及有限单元法的基本原理和计算方法，为胶凝砂砾石坝稳定及应力分析奠定了理论基础。

第 3 章

胶凝砂砾石坝地基适应性数值分析

胶凝砂砾石坝的设计不同于其他坝型，需基于胶凝砂砾石材料的力学特性。通过对坝址附近易获得的建筑骨料进行考察，选取拌制成可用于建坝的胶凝砂砾石材料进行试验，同时根据工程规模确定坝高，拟定胶凝砂砾石坝上、下游坝坡，进而对胶凝砂砾石坝进行稳定和强度分析验算。结合胶凝砂砾石材料试验结果，确定满足建坝要求的材料配比，确定满足稳定和应力强度要求的胶凝砂砾石坝剖面。本节结合已开展的胶凝砂砾石材料力学试验，参考重力坝数值计算方法，进行坝体、坝基稳定分析和强度分析，确定地基计算所需的胶凝砂砾石坝剖面，开展地基条件适应性分析，从而提出不同类型的胶凝砂砾石坝所适应的地基类型。其中，针对坝体、坝基强度，分析不同的计算方法及控制标准，通过对两种计算结果的论证分析，提出胶凝砂砾石坝地基适应性的控制标准。

3.1 胶凝砂砾石材料力学特性及计算模型的确定

3.1.1 胶凝砂砾石材料特性及坝体、坝基计算参数的确定

3.1.1.1 胶凝砂砾石材料试验及坝体参数拟定

目前国内外对胶凝砂砾石材料的力学参数试验主要有室内单轴抗压试验和三轴抗剪试验，基于上述不同试验类型，对胶凝砂砾石材料应力应变关系及本构模型进行了探讨，并取得了一定成果。已见诸文献的成果主要有日本单轴压缩试验、武汉大学单轴压缩试验、华北水利水电大学三轴试验、大连理工大学三轴试验、河海大学三轴试验、英国杜伦大学三轴试验。参照日本坝工界对胶凝砂砾石坝的设计理念，在胶凝砂砾石坝的设计中，仅采用胶凝砂砾石材料弹性范围内的强度和弹性模量。日本单轴压缩试验所得到的胶凝砂砾石材料的应力应变关系见图 3.1－1。

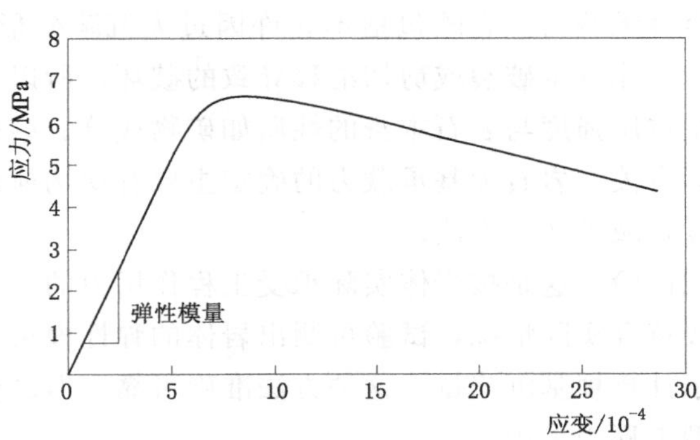

图 3.1-1 日本胶凝砂砾石材料应力应变曲线

胶凝砂砾石材料的力学特性是基于华北水利水电大学孙明权教授所承担的水利部重点科研项目——超贫胶结材料坝研究（合同编号：SZ9509）中的试验成果获得的。以 425 号水泥，水灰比为 1.0，砂率为 0.3，胶凝含量分别为 50kg/m³、60kg/m³、70kg/m³（水泥加粉煤灰，下文所述均用 C50、C60、C70 代替），龄期为 90d 的胶凝砂砾石材料的力学特性作为计算依据。

此次计算所取的胶凝砂砾石材料力学参数见表 3.1-1。

表 3.1-1　　胶凝砂砾石材料力学参数

胶凝含量/(kg/m³)	弹性模量 E /MPa	泊松比 μ	容重 γ /(kg/m³)	极限抗压强度 /MPa
50	1.12×10^4	0.19	2320	3.05
60	1.52×10^4	0.18	2360	4.05
70	1.77×10^4	0.17	2420	5.2

注　泊松比通过线性内插得到。

3.1.1.2　坝基参数拟定

大坝坝基的选择主要从稳定和强度两个方面考虑。稳定主要考虑坝基面或坝基内缓倾角软弱结构面抗滑稳定以及坝基渗流稳定，强度主要考虑坝基的承载能力是否满足上部坝体结构的要求。随着大坝坝基处理技术的发展，已经放宽了地基的选择范围，刘志明等通过对不同风化程度的岩石地基作为大坝坝基的分析，认为全、强风化岩体结构疏松、强度低，不能作为大坝基岩；微风化岩体坚硬、完整程度高、透水性微弱，完全可满足建造高坝要求。因此，大坝建基面选择的关键在于对弱风化带岩体的利用问题。以上是基于风化岩石承载力进行的划分。风化岩体是经受了各地质历史时期的应力、应变作用的产物。一般来说，岩体的力学性质取决于岩性、岩体结构及地应力状态。

坝基岩体承载力是指保证建筑物安全稳定的条件下，地基能够承受的最大荷载压力，也称容许承载力。它既包括不允许因过大沉陷变形所引起的破坏，也包括不允许地基岩体发生破裂或剪切滑移导致的破坏，所以它是一个综合指标。不同岩石地基抗压强度与岩石本身的性质如矿物成分、结构、构造、风化程度和含水情况等有关。岩石地基承载力的确定主要有现场荷载试验、经验类比及根据抗压强度折减等3种方法。

（1）现场荷载试验。这是按岩体实际承受工程作用力的大小和方向进行的原位试验。它比较符合实际情况，试验可测出岩体的弹性模量、变形模量及泊松比等指标，用于计算坝基沉陷量。这种方法准确可靠，但试验较复杂、费用较高，多在大中型工程中采用。

（2）经验类比。这是根据已建成的工程经验数据、工程特征和地质条件进行比较选取。《工程岩体分级标准》（GB/T 50218—2014）中列有经验数值，见表3.1-2。

表3.1-2　　基岩承载力基本值（f_0）

岩体级别	Ⅰ	Ⅱ	Ⅲ	Ⅳ	Ⅴ
f_0/MPa	>7.0	7.0～4.0	4.0～2.0	2.0～0.5	≤0.5

（3）以岩石单轴饱和抗压强度（R_b）乘以折减系数（ψ）求承载力的方法是最广泛应用的简便方法，其计算式为$f=\psi R_b$，式中折减系数ψ取值大小要按岩石的坚硬、完整程度、风化程度以及基岩形态、产状等因素确定。《建筑地基基础设计规范》（GB 50007—2011）规定：微风化岩石为0.2～0.33；中等风化岩石为0.17～0.25。这个规定只考虑了风化因素，且只有两个类别，应用时不易掌握。《岩石坝基工程地质》一书中介绍了在水电工程中常用的较详细具体的折减系数取值方法，见表3.1-3。

表3.1-3　　确定坝基容许承载力的经验方法

岩石名称	节理不发育（间距>1.0m）	节理较发育（间距1～0.3m）	节理发育（间距0.3～0.1m）	节理极发育（间距<0.1m）
坚硬和半坚硬岩石（$R_b \geq 30$MPa）	$1/7R_b$	(1/7～1/10) R_b	(1/10～1/16) R_b	(1/16～1/20) R_b
软弱岩石（$R_b<30$MPa）	$1/5R_b$	(1/5～1/7) R_b	(1/7～1/10) R_b	(1/10～1/15) R_b

此方法是比较粗略的方法，仅适用于初期设计阶段或中、小型水利工程。另外，对折减系数的取值概念含义有分歧，岩石的坚硬程度与ψ值大小是正比关系还是反比关系，即岩石越坚硬，ψ值是越大还是越小，认识也不一致。谷安成的研究认为，ψ值与抗压强度应为正比关系，并认为ψ值是包括安全系数在内的，由抗压强度转换为地基容许承载力的转换系数。以ψ值换算的承

载力常较保守，如不能满足设计要求，则按现场三轴抗压试验或荷载试验计算确定，往往可得到较高的承载力。

另外，《混凝土重力坝设计规范》（SL 319—2018）规定的强度指标如下：地基容许压应力取试块的极限抗压强度的 1/25～1/5，视岩体的具体情况而定。对于强度高，但节理、裂隙发育的基岩，采用 1/25～1/20；对于中等强度的基岩采用 1/20～1/10；对于均质且裂缝甚少的软弱及半岩石地基采用 1/10～1/5；对于风化基岩，按其风化程度，应将其容许压应力降低 25%～50%。本书研究中拟定的参数，取各个标准的中间值。不同地基类型的容重、泊松比等见表 3.1-4。

表 3.1-4　拟定不同地基类型的力学参数

岩石类型	容重 γ /(kg/m³)	泊松比 μ	f	c /MPa	地基容许承载力 /MPa
新鲜岩石	2550	0.17	1.4	1.4	5～10
微风化基岩	2450	0.23	1.2	1.2	2.5～5
弱风化基岩	2350	0.28	1	0.9	1～2.5
强风化基岩	2280	0.33	0.8	0.5	0.5～1

注　根据《混凝土重力坝设计规范》（SL 319—2018），强风化基岩：$E_t = 2 \sim 5$GPa，$f = 0.7 \sim 0.9$，$c = 0.3 \sim 0.7$MPa；弱风化基岩：$E_t = 5 \sim 10$GPa，$f = 1.1 \sim 0.90$，$c = 1.1 \sim 0.7$MPa；微风化基岩：$E_t = 10 \sim 20$GPa，$f = 1.3 \sim 1.1$，$c = 1.3 \sim 1.1$MPa；新鲜岩石：$E_t = 20 \sim 40$GPa，$f = 1.5 \sim 1.3$，$c = 1.5 \sim 1.3$MPa。根据不同的地基弹性模量值对容重及泊松比进行线性差值计算，得到计算所需的弹性模量、容重及泊松比。

3.1.2 胶凝砂砾石坝计算剖面的拟定

胶凝砂砾石坝坝体剖面与重力坝不同，胶凝砂砾石坝采用了梯形剖面，降低了对坝体材料的强度要求，并且梯形剖面对坝基抗剪强度的要求较低，能够更容易满足抗滑稳定要求，在较差的地基上也可以修建胶凝砂砾石坝。同时，参考国内外已建工程，坝体剖面拟定为梯形剖面，对其剖面的优化不做分析。

不同坝高、不同胶凝含量的胶凝砂砾石坝，坝体的剖面形式也有所变化。本书主要针对坝高 30～70m、胶凝含量分别为 50kg/m³、60kg/m³、70kg/m³ 的情况进行计算分析。通过选取某一地基类型（主要为强风化或弱风化），根据上一章胶凝砂砾石坝稳定分析理论对坝体进行抗剪断稳定分析，确定满足稳定要求的胶凝砂砾石坝坝体剖面。在胶凝砂砾石坝稳定和强度分析中，所考虑的荷载有自重、与坝顶齐平的水压力和扬压力，在此述后，下文不再赘述。

关于胶凝砂砾石坝抗滑稳定安全系数 K_s 标准的确定，胶凝砂砾石坝抗滑稳定分析沿用重力坝抗滑稳定分析理论，重力坝设计规范中对抗滑稳定的控制标准为：基本组合 K_s 为3.0，校核洪水组合 K_s 为2.5，地震组合 K_s 为2.3。由于目前胶凝砂砾石坝稳定分析缺乏专门的理论，考虑到国内外已建胶凝砂砾石坝抗滑稳定安全系数均较大，故以抗滑稳定安全系数 K_s>3.0作为胶凝砂砾石坝抗滑稳定分析的控制标准。

强风化地基条件下C50、C60、C70分别在坝高30m、50m、70m时的最小稳定坡比见表3.1-5～表3.1-7。

表3.1-5　强风化地基条件下C50在坝高30m、50m、70m时的最小稳定坡比

坝高/m	上游坝坡 n	下游坝坡 m	f	c/MPa	抗滑稳定安全系数 K_s
30	0.8	0.8	0.8	0.5	3.087
50	0.9	0.9	0.8	0.5	3.107
70	0.95	0.95	0.8	0.5	3.107

表3.1-6　强风化地基条件下C60在坝高30m、50m、70m时的最小稳定坡比

坝高/m	上游坝坡 n	下游坝坡 m	f	c/MPa	抗滑稳定安全系数 K_s
30	0.75	0.75	0.8	0.5	3.002
50	0.85	0.85	0.8	0.5	3.023
70	0.9	0.9	0.8	0.5	3.053

表3.1-7　强风化地基条件下C70在坝高30m、50m、70m时的最小稳定坡比

坝高/m	上游坝坡 n	下游坝坡 m	f	c/MPa	抗滑稳定安全系数 K_s
30	0.75	0.75	0.8	0.5	3.099
50	0.82	0.82	0.8	0.5	3.025
70	0.86	0.86	0.8	0.5	3.025

弱风化地基条件下C50、C60、C70分别在坝高30m、50m、70m时的最小稳定坡比见表3.1-8～表3.1-10。

表3.1-8　弱风化地基条件下C50在30m、50m、70m坝高时的最小稳定坡比

坝高/m	上游坝坡 n	下游坝坡 m	f	c/MPa	抗滑稳定安全系数 K_s
30	0.57	0.57	1	0.9	3
50	0.67	0.67	1	0.9	3.025
70	0.71	0.71	1	0.9	3.025

表 3.1-9　弱风化地基条件下 C60 在坝高 30m、50m、70m 时的最小稳定坡比

坝高/m	上游坝坡 n	下游坝坡 m	f	c/MPa	抗滑稳定安全系数 K_s
30	0.56	0.56	1	0.9	3.028
50	0.65	0.65	1	0.9	3.015
70	0.7	0.7	1	0.9	3.053

表 3.1-10　弱风化地基条件下 C70 在坝高 30m、50m、70m 时的最小稳定坡比

坝高/m	上游坝坡 n	下游坝坡 m	f	c/MPa	抗滑稳定安全系数 K_s
30	0.55	0.55	1	0.9	3.085
50	0.63	0.63	1	0.9	3.033
70	0.67	0.67	1	0.9	3.033

分析上述不同胶凝含量、不同坝高的胶凝砂砾石坝坝体稳定剖面可知，无论强风化地基还是弱风化地基，对于胶凝含量相同的胶凝砂砾石坝，坝体剖面均随着坝高的增加而增大；对于坝高相同的胶凝砂砾石坝，坝体剖面均随着胶凝含量的增加而减小；对于相同胶凝含量、相同坝高的胶凝砂砾石坝，弱风化地基比强风化地基下的坝体剖面要小。可见，地基条件对胶凝砂砾石坝的坝体剖面有重要影响。

3.2 胶凝砂砾石坝坝体坝基强度分析

胶凝砂砾石坝坝体坝基强度分析是基于重力坝强度分析理论，通过对上节计算所确定的满足坝体稳定要求的胶凝砂砾石坝进行强度验算，进而确定坝体坝基稳定和强度均满足要求的胶凝砂砾石坝体剖面。

3.2.1 胶凝砂砾石坝坝体坝基强度控制标准的确定

3.2.1.1 胶凝砂砾石材料容许压应力的确定

胶凝砂砾石材料容许压应力由胶凝砂砾石材料的极限抗压强度除以相应的抗压安全系数确定。由于胶凝砂砾石材料的破坏模式和安全标准的研究仍处于探索中，参考已建胶凝砂砾石坝工程，其抗压安全系数暂时采用混凝土重力坝对安全系数的确定方法。坝体抗压安全系数在正常运行条件下不应小于 4.0，非正常运行条件Ⅰ不应小于 3.5，抗拉安全系数不小于 4.0。结合模型及计算参数，将胶凝砂砾石材料抗压安全系数取 3.5，胶凝砂砾石材料力学试验提供了胶凝砂砾石材料极限抗压强度值，由此确定不同胶凝含量的胶凝砂砾石材料容许压应力，见表 3.2-1。

表 3.2-1 不同胶凝含量的胶凝砂砾石材料容许压应力

胶凝含量/(kg/m³)	胶凝砂砾石材料极限抗压强度/MPa	胶凝砂砾石材料容许压应力/MPa
50	3.05	0.87
60	4.05	1.16
70	5.2	1.49

3.2.1.2 不同计算方法下的地基强度控制标准

（1）材料力学法。材料力学法假定坝体的最大、最小应力都出现在坝面，故以边缘应力作为强度控制标准，用材料力学法校核胶凝砂砾石坝适应的地基条件，其地基的强度由铅直正应力 σ_y 来控制。《混凝土重力坝设计规范》(SL 319—2018) 规定了坝基面坝趾处铅直应力选择坝基条件的强度控制标准：在运用期，各种荷载组合作用下（地震荷载除外），坝踵垂直应力不应出现拉应力，坝趾处铅直应力小于坝基容许压应力；在施工期，坝趾垂直应力允许有小于 0.1MPa 的拉应力。

（2）有限单元法。《混凝土重力坝设计规范》(SL 319—2018) 同时也给出了有限元计算坝基应力的控制标准，即计入扬压力时坝基上游面铅直应力的拉应力区宽度小于坝底宽度的 7%或小于坝踵至帷幕中心线的距离。采用有限单元法计算分析坝体、坝基的应力，其计算精度及应力值大小受到单元尺寸、单元边长比的影响。赵代深通过对不同坝高、不同单元尺寸的重力坝进行组合分析认为有限单元法算出的坝踵应力受网格剖分影响大，坝踵作为应力奇异点，其附近应力梯度大，故坝踵单元应力要考虑坝踵单元形心距坝踵的距离。单元尺寸越小，算出的坝踵拉应力越大，网格剖分越精细，沿建基面拉应力的衰减越快，但当沿建基面距坝踵的拉应力区相对宽度大于 7%时，不同剖分方案的拉应力便相差不大。同时考虑到应力解答有不确定性，难以定出强度控制标准，故采用拉应力区域作为有限单元元法计算坝基应力的控制标准。胶凝砂砾石坝筑坝材料特性和重力坝相似，胶凝砂砾石坝也采用拉应力区域作为有限元计算控制标准。

3.2.2 材料力学法计算胶凝砂砾石坝地基条件适应性

根据前面计算得到的满足稳定要求的胶凝砂砾石坝坝体剖面，采用材料力学法对上述拟定坝体剖面及坝基进行强度验算，计算成果见表 3.2-2 和表 3.2-3。材料力学法以顺河向为 X 轴（指向上游为正），竖直向为 Y 轴（向下为正），弯矩以逆时针方向为正。

表 3.2-2　　强风化地基条件下 C50 坝高 30m 的胶凝砂砾石坝材料力学法计算成果

坝高/m	30	坝顶宽/m	7
上游坡比	0.8	上游坡比	0.8
坝底宽度/m	55	面积/m^2	930
坝体容重/(kN/m^3)	23.2		
坝体自重/kN	21576	坝体力臂/m	0
上游垂直水荷载（↓)/kN	3528	上游垂直水压力力臂/m	19.5
上游水平水压力（→)/kN	4410	上游水平水压力力臂/m	10
扬压力（↑)/kN	8085	扬压力力臂/m	9.167
ΣM/(kN·m)	−49416.5		
上游边缘水平截面正应力Σ_{yu}/MPa	0.211	上游面水压力强度 P_u/MPa	0.294
下游边缘水平截面正应力Σ_{yd}/MPa	0.407	下游面水压力强度 P_d/MPa	0
上游剪应力 τ_u/MPa	−0.169	下游剪应力 τ_d/MPa	0.326
水平正应力 σ_{xu}/MPa	0.135	水平正应力 σ_{xd}/MPa	0.261
主应力 σ_{1u}/MPa	0.347	主应力 σ_{1d}/MPa	0.668
主应力 σ_{2u}/MPa	0	主应力 σ_{2d}/MPa	0

表 3.2-3　　强风化地基条件下 C50 坝高 37m 的胶凝砂砾石坝材料力学法计算成果

坝高/m	37	坝顶宽/m	7
上游坡比	0.82	上游坡比	0.82
坝底宽度/m	67.68	面积/m^2	1381.58
坝体容重/(kN/m^3)	23.2		
坝体自重/kN	32052.656	坝体力臂/m	0
上游垂直水荷载（↓)/kN	5500.642	上游垂直水压力力臂/m	23.727
上游水平水压力（→)/kN	6708.1	上游水平水压力力臂/m	12.333
扬压力（↑)/kN	12270.384	扬压力力臂/m	11.28
ΣM/(kN·m)	−90631.266		
上游边缘水平截面正应力Σ_{yu}/MPa	0.255	上游面水压力强度 P_u/MPa	0.363
下游边缘水平截面正应力Σ_{yd}/MPa	0.492	下游面水压力强度 P_d/MPa	0
上游剪应力 τ_u/MPa	−0.209	下游剪应力 τ_d/MPa	0.404
水平正应力 σ_{xu}/MPa	0.171	水平正应力 σ_{xd}/MPa	0.331
主应力 σ_{1u}/MPa	0.426	主应力 σ_{1d}/MPa	0.823
主应力 σ_{2u}/MPa	0	主应力 σ_{2d}/MPa	0

胶凝砂砾石坝坝高受到胶凝砂砾石材料容许压应力的限制，根据材料力学试验得到的胶凝砂砾石材料容许压应力值，计算得到强风化地基条件下 C50

胶凝砂砾石坝最大坝高为37m。

强风化地基条件下C60、C70不同坝高的胶凝砂砾石坝材料力学法计算成果见表3.2-4和表3.2-5。

表3.2-4 强风化地基条件下C60不同坝高的胶凝砂砾石坝材料力学法计算成果

坝高/m	上、下游坝坡	最大铅直应力 σ_y/MPa	最大主应力 σ_{1d}/MPa
30	0.75	0.427	0.67
37	0.8	0.51	0.83
50	0.85	0.658	1.13

表3.2-5 强风化地基条件下C70不同坝高的胶凝砂砾石坝材料力学法计算成果

坝高/m	上、下游坝坡	最大铅直应力 σ_y/MPa	最大主应力 σ_{1d}/MPa
30	0.75	0.438	0.684
37	0.77	0.53	0.84
50	0.82	0.685	1.15
62	0.84	0.835	1.42

分别绘出最大坝高随胶凝含量的变化规律及相同坝高时上、下游坝坡及坝基面最大铅直应力 σ_y 随胶凝含量的变化趋势，见图3.2-1～图3.2-3。

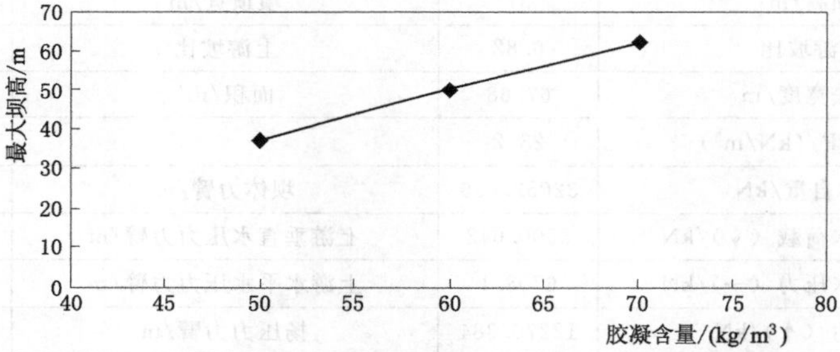

图3.2-1 最大坝高随胶凝含量变化图

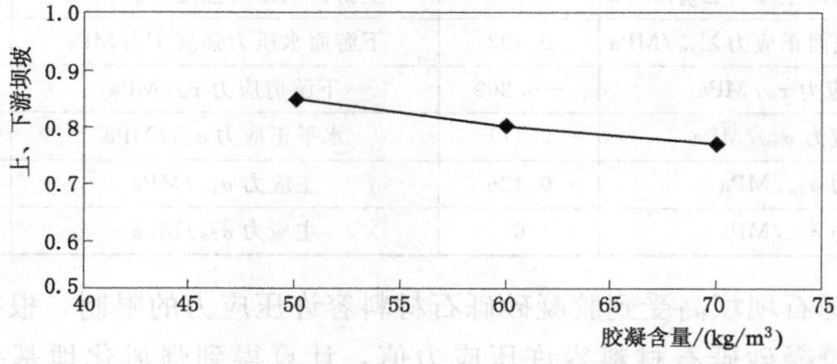

图3.2-2 坝高37m时上、下游坝坡随胶凝含量变化图

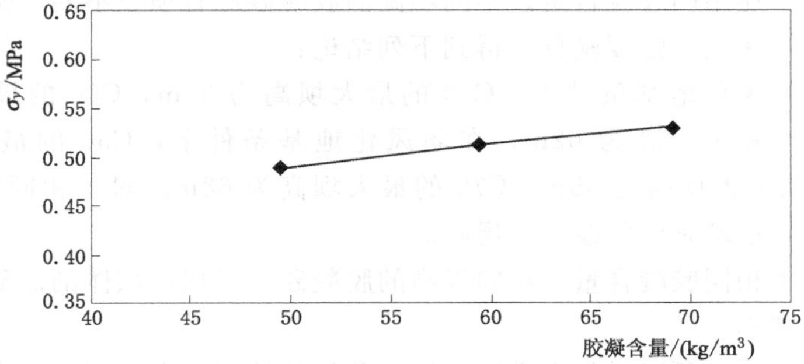

图 3.2-3 坝高 37m 时 σ_y 随胶凝含量变化图

分析上述图表可得到以下规律：强风化地基条件下，胶凝砂砾石坝最大坝高随着胶凝含量的增加而增加，对于相同坝高的胶凝砂砾石坝，随着胶凝含量的增加，上、下游坝坡减小，即坝体剖面减小，且坝基面最大铅直应力 σ_y 增大。

同时，对弱风化地基条件下 C50、C60、C70 不同坝高的胶凝砂砾石坝进行了材料力学法计算，计算成果见表 3.2-6～表 3.2-8。

表 3.2-6 弱风化地基条件下 C50 不同坝高的胶凝砂砾石坝材料力学法计算成果

坝高/m	上、下游坝坡	最大铅直应力 σ_y/MPa	最大主应力 σ_{1d}/MPa
30	0.57	0.492	0.65
41	0.64	0.62	0.88

表 3.2-7 弱风化地基条件下 C60 不同坝高的胶凝砂砾石坝材料力学法计算成果

坝高/m	上、下游坝坡	最大铅直应力 σ_y/MPa	最大主应力 σ_{1d}/MPa
30	0.56	0.504	0.66
50	0.65	0.76	1.08
55	0.66	0.83	1.19

表 3.2-8 弱风化地基条件下 C70 不同坝高的胶凝砂砾石坝材料力学法计算成果

坝高/m	上、下游坝坡	最大铅直应力 σ_y/MPa	最大主应力 σ_{1d}/MPa
30	0.55	0.52	0.68
50	0.63	0.79	1.11
68	0.66	1.05	1.5

通过对上述不同胶凝含量、不同坝高的胶凝砂砾石坝在不同地基条件下进行的材料力学法应力强度验算，得到下列结论：

(1) 在强风化地基条件下，C50 的最大坝高为 37m，C60 的最大坝高为 50m，C70 的最大坝高为 62m；在弱风化地基条件下，C50 的最大坝高为 41m，C60 的最大坝高为 55m，C70 的最大坝高为 68m。对于相同胶凝含量，建坝高度随着地基条件的改善而提高。

(2) 对于相同胶凝含量、相同坝高的胶凝砂砾石坝，坝体剖面随着地基条件的改善而减小。

(3) 根据前面所述材料力学法对地基条件的控制标准，用材料力学法计算出的坝基面最大铅直应力与不同坝基的容许压应力标准做对比，可以得出 C50、C60、C70 所适应的地基类型为强风化地基。

3.2.3 有限单元法计算胶凝砂砾石坝地基条件适应性

通过对胶凝砂砾石坝建立坝体、坝基的整体有限元模型进行有限元线弹性分析，在满足坝体应力的前提下，根据上节所述有限单元法坝基强度控制标准，进行地基弹模试算，对胶凝砂砾石坝在不同地基条件下的应力应变分布规律进行探讨，确定不同胶凝含量不同坝高的胶凝砂砾石坝地基条件适应性。

3.2.3.1 有限元计算模型的确定

在计算过程中，进行网格剖分时，坝体内部和地基均采用四结点四边形等参单元，坝体坡面处采用的是三结点三角形单元，单元形状变化对局部应力有影响，但不会严重影响结构整体的应力应变场的规律性。

在建立模型时，进行了如下简化：

(1) 根据现行导则及施工因素，坝顶宽度为不变因素，取定值 7m。

(2) 计算时考虑将水压力直接作用在上游坝面上。

(3) 上、下游坝面均不设折坡点。

(4) 建立坝体、坝基整体模型，地基向坝体上、下游延伸两倍坝高及两倍坝高深度的范围，地基上下游侧面取水平方向约束，底部取竖直方向约束。

(5) 计算荷载组合取自重+上游静水压力+扬压力，上游水位取与坝顶齐平，下游无水。扬压力计算时，假定坝体为不透水材料，只考虑渗透压力并将其作为外力作用在坝底。

(6) 计算取单宽坝体进行平面应变分析，按线弹性考虑。

3.2.3.2 有限单元法计算分析

(1) 一次加载方式下胶凝砂砾石坝适应地基情况有限元分析。根据上述材料力学法所确定的胶凝砂砾石坝剖面，建立有限元模型，荷载组合采用一次加载完成的方式进行计算分析，在此以 C70 的胶凝砂砾石坝为例，对计算及分析的方法及过程进行介绍，其他胶凝含量的胶凝砂砾石坝的计算分析方法类同，仅将计算结果列出。胶凝砂砾石坝坝体、坝基二维有限元数值模型见图 3.2-4。

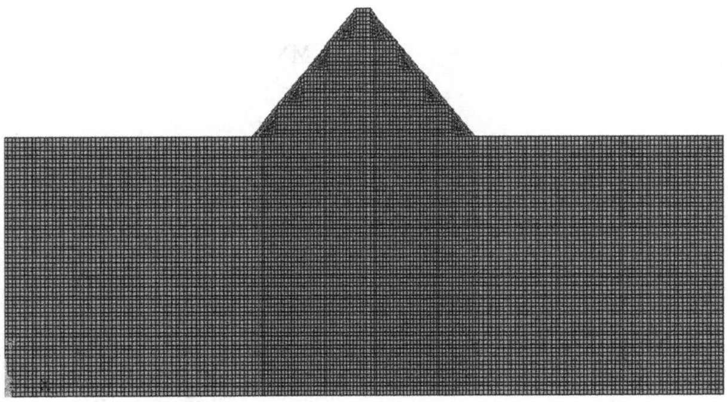

图 3.2-4 胶凝砂砾石坝坝体、坝基二维有限元数值模型

分别对坝高 30m、37m、50m、62m 的 C70 胶凝砂砾石坝进行有限元计算分析，所采用的剖面为稳定分析及材料力学法强度验算后确定的剖面。以坝基上游面铅直应力的拉应力区宽度小于坝底宽度的 7%或小于坝踵至帷幕中心线的距离作为计算控制标准，对所适应的最小地基弹性模量进行试算，坝体、坝基面铅直应力等值线图见图 3.2-5～图 3.2-8，图中以压应力为负，拉应力为正。计算结果见表 3.2-9。

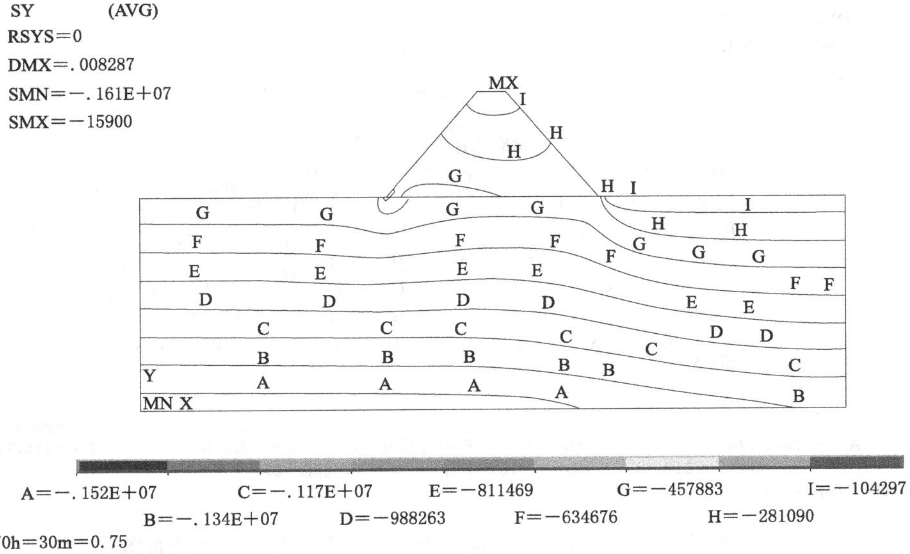

图 3.2-5 C70 坝高 30m 胶凝砂砾石坝铅直应力 σ_y 应力分布图

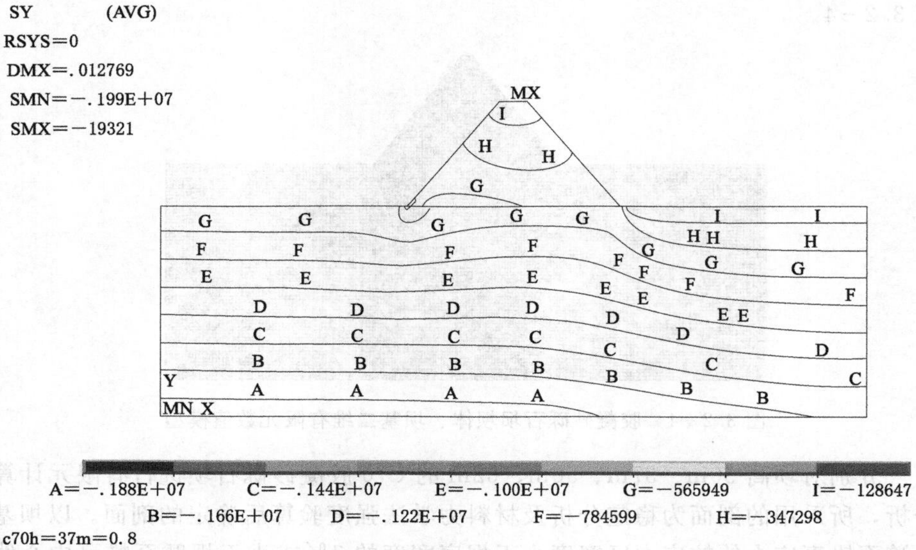

图 3.2-6 C70 坝高 37m 胶凝砂砾石坝铅直应力 σ_y 应力分布图

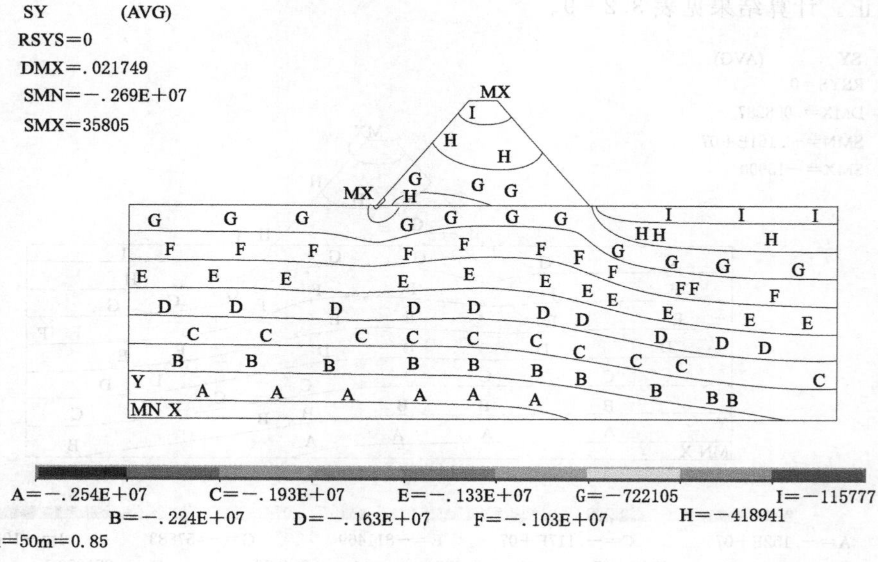

图 3.2-7 C70 坝高 50m 胶凝砂砾石坝铅直应力 σ_y 应力分布图

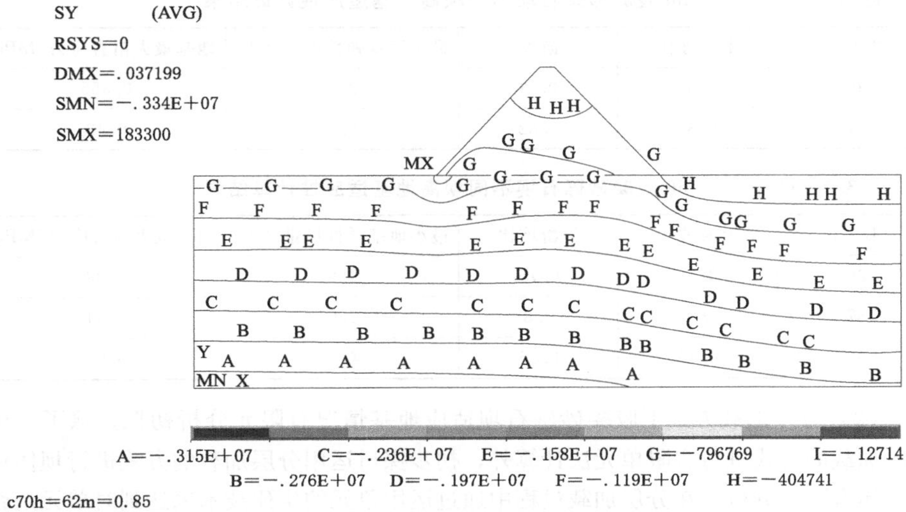

图 3.2-8 C70 坝高 62m 胶凝砂砾石坝铅直应力 σ_y 应力分布图

表 3.2-9 C70 胶凝砂砾石坝不同坝高地基适应性计算结果

坝高/m	上游坡比	下游坡比	最小地基弹性模量/GPa	地基最大铅直应力/MPa
30	0.75	0.75	5.6	0.39
37	0.8	0.8	5.5	0.45
50	0.85	0.85	5.9	0.59
62	0.85	0.85	5.9	0.74

从图 3.2-5～图 3.2-8 可以看出，坝高为 30m、37m 时胶凝砂砾石坝坝体、坝基剖面处于全断面受压状态，坝高为 50m、62m 时，坝体、坝基大部处于受压状态，仅在坝踵边缘处分别产生了 0.036MPa、0.18MPa 的拉应力。由胶凝砂砾石坝力学试验可知，胶凝砂砾石材料的抗拉强度为抗压强度的 1/10～1/16，C70 胶凝砂砾石坝抗拉强度为 0.6MPa，大于坝踵处的拉应力值，同时其拉应力区域远小于有限单元法计算坝基应力的控制标准。最大铅直应力 σ_y 随着坝体的增高而增大，由于受到坝基的约束作用，在坝基面以上 1/3 坝高范围内坝体应力分布与坝体上部应力分布不同，坝体上部坝体边缘应力大于坝体中部应力，坝体中部应力大于上下游边缘应力，坝基面铅直应力 σ_y 的最大值出现在坝基面中部，这和材料力学法计算结果不同，其最大值见表 3.2-9。由于胶凝砂砾石坝采用梯形剖面，坝底较宽，和重力坝相比受力均匀，坝体、坝基应力分布均匀。不同坝高的 C50、C60 胶凝砂砾石坝地基适应性计算结果见表 3.2-10 和表 3.2-11。

表 3.2-10　　C50 胶凝砂砾石坝不同坝高地基适应性计算结果

坝高/m	上游坡比	下游坡比	最小地基弹性模量/GPa	地基最大铅直应力/MPa
30	0.8	0.8	3.8	0.355
37	0.82	0.82	3.5	0.43

表 3.2-11　　C60 胶凝砂砾石坝不同坝高地基适应性计算结果

坝高/m	上游坡比	下游坡比	最小地基弹性模量/GPa	地基最大铅直应力/MPa
30	0.75	0.75	4.9	0.38
37	0.8	0.8	5.0	0.44
50	0.85	0.85	4.9	0.58

（2）分步加载方式下胶凝砂砾石坝适应地基情况有限元分析初探。除了采用一次加载的方式进行有限单元法计算外，初步探讨运用分层加载的方式进行坝体坝基整体有限元分析。在分层加载过程中通过运用单元的生死技术来达到对单元是否参与计算进行控制，模拟胶凝砂砾石坝在施工过程，得到分层加载方式下坝体坝基的应力分布，分析得到该种计算方法下胶凝砂砾石坝适应地基的情况。

分步加载和一次加载所采用的坝体坝基参数、有限元模型以及本构关系一致，仅对施工过程进行模拟。为了方便对比，该方法也以 C70 的胶凝砂砾石坝为例，对计算及分析的方法及过程进行介绍，其他胶凝含量的胶凝砂砾石坝的计算分析方法类同，仅将计算结果列出。

图 3.2-9～图 3.2-11 分别列出了 C70 的胶凝砂砾石坝在坝高 30m、50m、62m 分步加载方法下所得到的应力分布图。

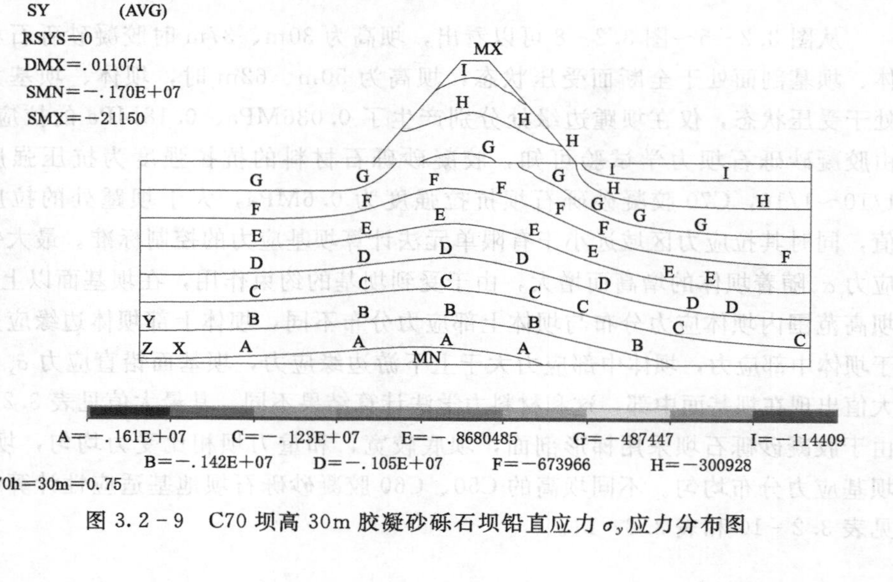

图 3.2-9　C70 坝高 30m 胶凝砂砾石坝铅直应力 σ_y 应力分布图

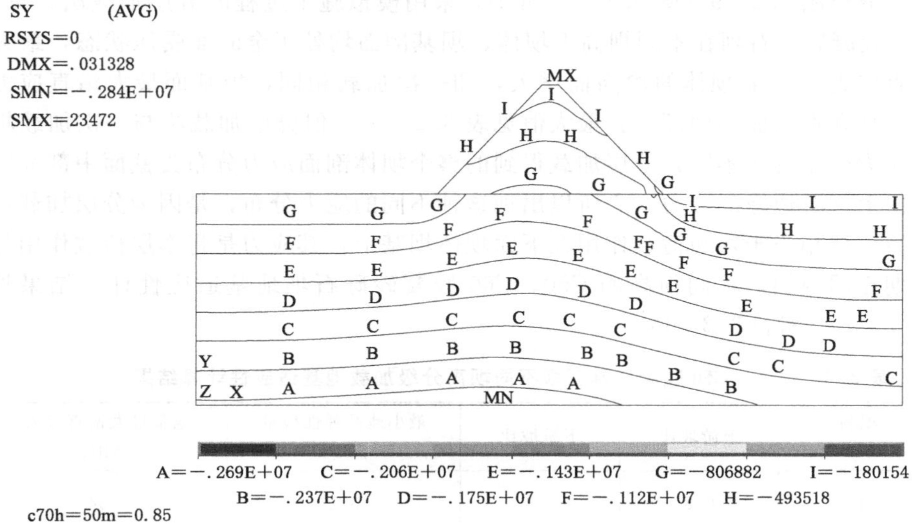

图 3.2-10 C70 坝高 50m 胶凝砂砾石坝铅直应力 σ_y 应力分布图

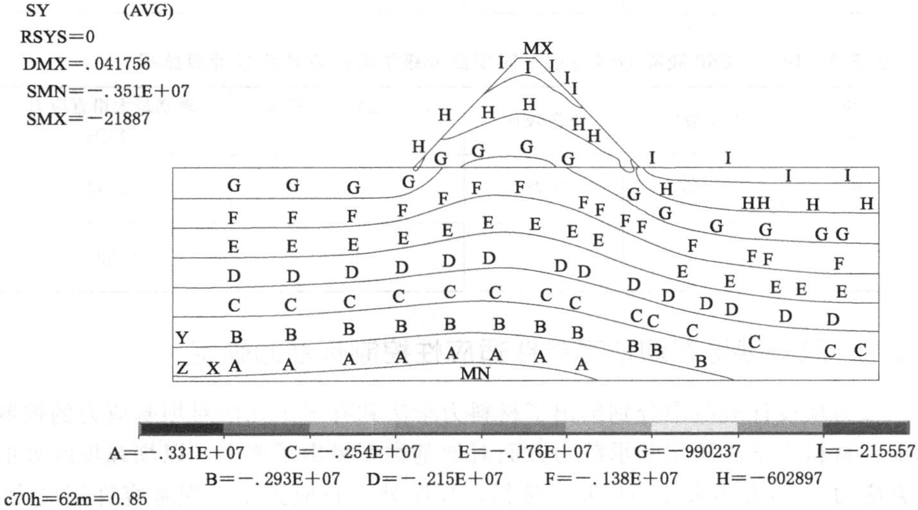

图 3.2-11 C70 坝高 62m 胶凝砂砾石坝铅直应力 σ_y 应力分布图

表 3.2-12 C70 胶凝砂砾石坝不同坝高分步加载地基适应性计算结果

坝高/m	上游坡比	下游坡比	最小地基弹性模量/GPa	地基最大铅直应力/MPa
30	0.75	0.75	4.8	0.552
50	0.85	0.85	5.0	0.91
62	0.85	0.85	5.0	1.11

分析图3.2-9～图3.2-11可知，采用模拟施工过程的分层加载法计算，C70胶凝砂砾石坝在不同坝高下坝体、坝基剖面均处于全断面受压状态，最大铅直应力σ_y随着坝体的增高而增大，和一次加载相同，坝基面最大铅直应力也出现在坝基面的中部，其最大值见表3.2-12。但分层加载法与一次加载坝体应力分布有所不同，分层加载得到的整个坝体剖面应力分布为截面中部大于截面上下游边缘的应力。之所以出现这种不同的应力分布，是因为分层加载计算后一层相当于均布荷载作用在下面坝体坝基上，其应力是将本层荷载作用与前期作用叠加，不同坝高的C50、C60胶凝砂砾石坝地基适应性计算结果见表3.2-13和表3.2-14。

表3.2-13　C50胶凝砂砾石坝不同坝高分级加载地基适应性计算结果

坝高 /m	上游坡比	下游坡比	最小地基弹性模量 /GPa	地基最大铅直应力 /MPa
30	0.8	0.8	3.2	0.54
37	0.82	0.82	3.2	0.66

表3.2-14　C60胶凝砂砾石坝不同坝高分级加载地基适应性计算结果

坝高 /m	上游坡比	下游坡比	最小地基弹性模量 /GPa	地基最大铅直应力 /MPa
30	0.75	0.75	4.7	0.543
50	0.85	0.85	4.9	0.897

3.2.4 胶凝砂砾石坝地基条件适应性控制标准的确定

重力坝设计规范中分别给出了材料力学法和有限单元法对坝基应力的控制标准，材料力学法从坝基承载力方面对地基类型提出了要求，以坝踵坝趾处的铅直应力σ_y的大小来控制坝基的选择，坝趾处铅直应力小于坝基容许压应力；而有限单元方法是以坝踵处拉应力区域相对宽度来控制坝基的选择，转化到计算模型上就是以地基的弹性模量大小来控制地基的选择，这是两种方法所不同的地方，选择哪一个因素作为控制地基条件的标准，对不同类型的胶凝砂砾石坝所适应的地基类型的选择有所差别。以C70胶凝砂砾石坝为例对两种控制标准进行分析。

不同坝高的C70胶凝砂砾石坝采用材料力学法控制标准所得到的地基类型见表3.2-15。

表 3.2-15　不同坝高的 C70 胶凝砂砾石坝采用材料力学法所得到的地基类型

坝高/m	坝趾铅直应力 σ_y/MPa	坝基允许承载力/MPa	地基类型
30	0.438	0.5～1	强风化
37	0.528	0.5～1	强风化
50	0.685	0.5～1	强风化
62	0.835	0.5～1	强风化

材料力学法不考虑地基的影响，假定水平截面上的正应力 σ_y 按直线分布，使计算结果在地基附近约 1/3 坝高范围内与实际情况不符，且只适用于中低坝。若将材料力学法控制标准作为胶凝砂砾石坝地基条件适应性的控制标准则不能保证工程的安全，故将有限单元法计算的结果作为胶凝砂砾石坝地基条件适应性的控制标准。胶凝砂砾石坝坝体、坝基有限元分析得到的坝基面铅直应力 σ_y 出现在坝底中部，以坝踵处铅直应力拉应力区域相对宽度作为控制标准，随着坝体高度的增加，所试算出的最小地基弹性模量值变化不大。但其坝基面铅直压应力却随着坝体高度的增加而显著增加，此时若仅以地基弹性模量作为地基类型的划分标准，将不能准确判断胶凝砂砾石坝所适应的地基条件。考虑到坝基的力学特性受到岩石性质、岩体中结构面等因素影响较大，将胶凝砂砾石坝地基条件适应性研究的控制标准确定为：以有限单元法计算所得的坝基面铅直应力 σ_y 作为地基类型判别的主要因素，地基弹性模量作为地基类型判别的辅助因素，坝基面铅直应力 σ_y 应小于坝基容许压应力。

基于确定的胶凝砂砾石坝地基条件适应性控制标准得到不同类型的胶凝砂砾石坝所适应的地基条件为：C50、C60、C70 不同坝高的胶凝砂砾石坝所适应的地基类型均为强风化地基。

3.3　土耳其 Cindere 坝地基条件适应性分析

Cindere 坝是土耳其第一座胶凝砂砾石坝，位于安纳托利亚西岸的门德雷斯河，也是目前世界上已建的最高的胶凝砂砾石坝，坝高 107m，上下游坝坡坡比均为 1∶0.7，坝顶宽度为 10m。筑坝材料为胶凝含量 50kg/m³ 水泥＋20kg/m³ 粉煤灰。根据前期胶凝砂砾石材料力学试验计算所得的参数见表 3.3-1。根据坝基地质勘探结果，坝址处地基材料为片岩，通过相关力学试验得其抗压强度为 8MPa，抗拉强度为 0.8MPa。建立坝体坝基有限元模型，对 Cindere 坝地基条件适应性进行计算分析。

表 3.3-1　　Cindere 坝体材料力学参数

材料	容重/(kg/m^3)	弹性模量 E/GPa	泊松比	抗压强度/MPa
胶凝砂砾石	2400	10	0.22	6

计算所得的 Cindere 坎铅直应力 σ_y 分布图见图 3.3-1。计算所得的最大铅直应力 σ_y 为 1.52MPa，试算所得的地基弹性模量为 7.5GPa，根据对地基类型的划分标准，片岩地基强风化层的容许承载力为 0.81MPa，弱风化层的容许承载力为 2.93MPa。根据胶凝砂砾石坝地基条件适应性控制标准的综合分析判断，土耳其 Cindere 坝的地基适应条件为弱风化地基的中部。根据所收集的资料，该工程选择的地基条件为微风化层，能够满足坝体对地基的要求。

通过上述计算分析可知，胶凝砂砾石坝随着坝高的增加对地基的要求也在增高，当坝高增加到一定值时，应该提高地基级别来保证坝体坝基的安全。确定胶凝砂砾石坝在不同地基下所能建造的最大坝高，应根据胶凝砂砾石坝胶凝材料用量、坝体剖面稳定及应力要求综合判断确定。

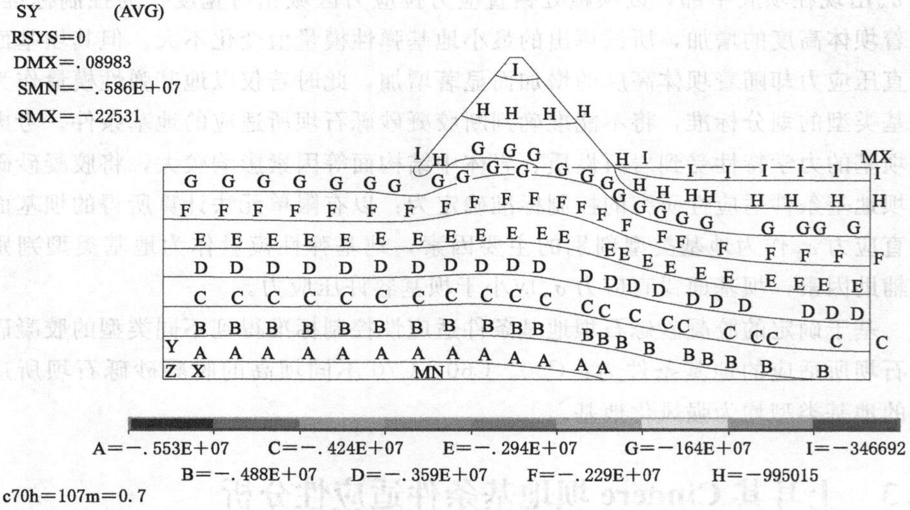

图 3.3-1　Cindere 坝铅直应力 σ_y 应力分布图

3.4　本章小结

（1）根据胶凝砂砾石材料及不同坝基的力学特性，确定了计算所需的坝体、坝基计算参数。

（2）根据胶凝砂砾石地基条件适应性分析流程，拟定了计算所需的不同类型及坝高的胶凝砂砾石坝坝体剖面及有限元分析模型。

(3) 采用材料力学法和有限单元法分别对不同类型及坝高的胶凝砂砾石坝地基适应性进行分析计算，并对计算结果进行对比分析，确定了胶凝砂砾石坝地基适应性计算的控制标准为：以坝基面铅直应力 σ_y 作为地基类型判别的主要因素，地基弹性模量作为地基类型判别的辅助因素，坝基面铅直应力 σ_y 应小于坝基容许压应力。

(4) 基于确定了的地基选择控制标准，结合计算分析结果得到不同类型胶凝砂砾石坝所适应的地基条件，即 C50、C60、C70 不同坝高的胶凝砂砾石坝所适应的地基类型均为强风化地基。

第4章

坝体参数变化对地基条件的影响

第3章计算确定了不同类型的胶凝砂砾石坝所适应的地基类型，本章通过讨论坝体参数的变化对地基条件的影响，进一步分析不同类型胶凝砂砾石坝对地基适应性的变化规律。

4.1 胶凝含量对胶凝砂砾石坝地基适应性的影响

根据胶凝砂砾石材料试验，胶凝砂砾石材料的强度随着胶凝含量的增加而增加，如前所述，胶凝含量的变化对胶凝砂砾石坝有重要影响。本节通过讨论胶凝含量的变化所引起的适应地基条件的变化，得到胶凝含量与地基之间的变化关系及规律。选取同一坝高下不同胶凝含量均满足剖面稳定的上下游坡比，建立有限元模型进行计算分析，得到不同胶凝含量在同一坝高、同一坡比下地基条件适应性计算结果，见表4.1-1～表4.1-3。根据表4.1-1～表4.1-3中的数据分别绘出胶凝含量与坝基面铅直应力的关系，见图4.1-1～图4.1-3。

表4.1-1　坝高30m、上下游坡比 $m=n=0.8$ 时不同胶凝含量地基条件适应性有限元计算结果

胶凝含量/(kg/m³)	地基弹性模量/(10³MPa)	坝基面铅直应力/MPa	适应地基类型
50	3.8	0.36	强风化
60	5	0.37	强风化
70	5.6	0.38	强风化

表4.1-2　坝高37m、上下游坡比 $m=n=0.82$ 时不同胶凝含量地基条件适应性有限元计算结果

胶凝含量/(kg/m³)	地基弹性模量/(10³MPa)	坝基面铅直应力/MPa	适应地基类型
50	3.5	0.43	强风化
60	5	0.44	强风化
70	5.6	0.45	强风化

表 4.1-3　坝高 50m、上下游坡比 $m=n=0.85$ 时不同胶凝含量地基条件适应性有限元计算结果

胶凝含量 /(kg/m³)	地基弹性模量 /(10³MPa)	坝基面铅直应力 /MPa	适应地基类型
60	4.9	0.58	强风化
70	5.9	0.59	强风化

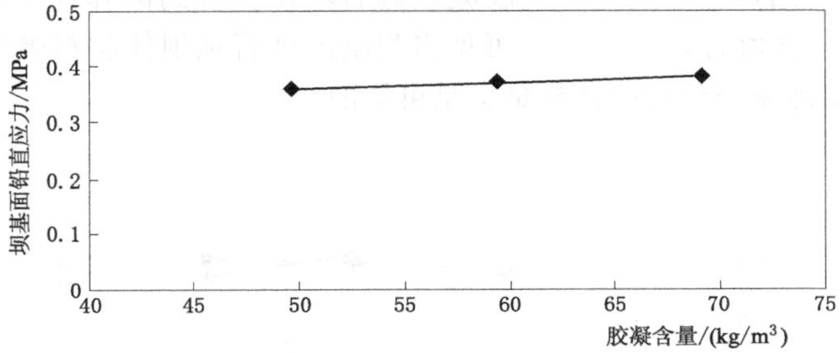

图 4.1-1　坝高 30m、上下游坡比 $m=n=0.8$ 时不同胶凝含量地基条件适应性

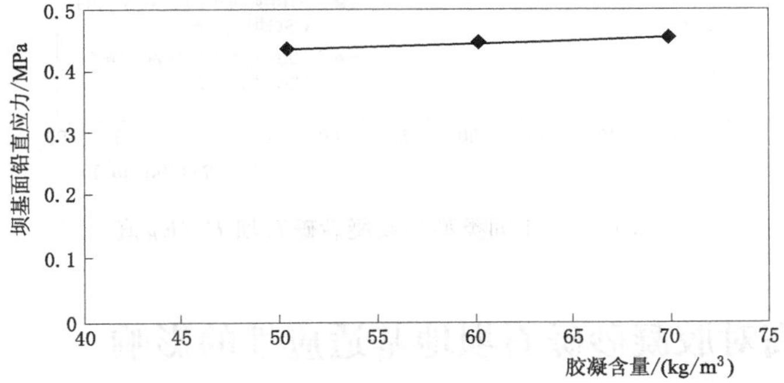

图 4.1-2　坝高 37m、上下游坡比 $m=n=0.82$ 时不同胶凝含量地基条件适应性

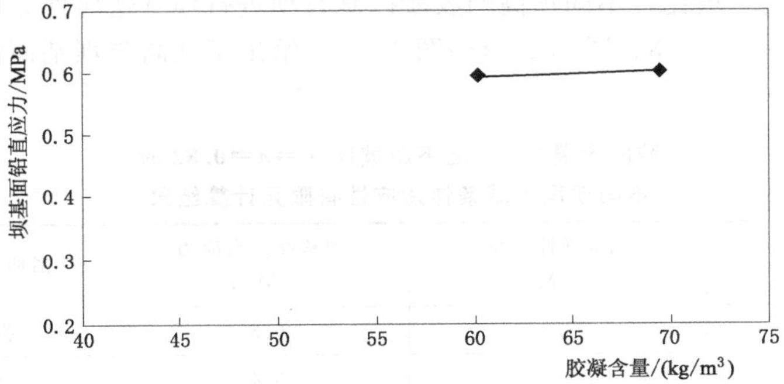

图 4.1-3　坝高 50m、上下游坡比 $m=n=0.85$ 时不同胶凝含量地基条件适应性

分析上述图可知，对于同一坝高、同一剖面的胶凝砂砾石坝，随着胶凝含量的增加，坝基面铅直应力相对变化较小。坝基面铅直应力 σ_y 与坝体容重和坝高有关，而不同胶凝含量的胶凝砂砾石材料容重变化不大，故对于同一坝高的胶凝砂砾石坝，胶凝含量变化对胶凝砂砾石坝地基适应性影响不大，且胶凝含量变化对胶凝砂砾石坝地基适应性影响由容重来控制。根据确定的地基适应性控制标准划分，其适应的地基类型均为强风化地基。

图 4.1-4 给出了不同类型的胶凝砂砾石坝试算得到的弹性模量比值 E_c/E_R 分布范围，其值为 2.9～3.2，可见当胶凝砂砾石坝坝体材料弹性模量固定时，所适应的地基条件的弹性模量也是可知的。

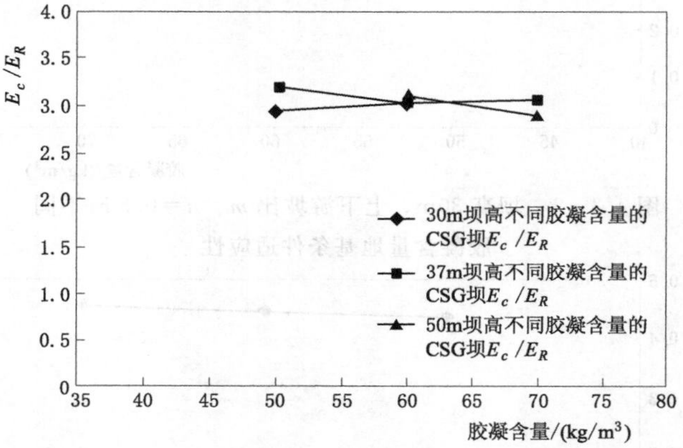

图 4.1-4 不同类型的胶凝砂砾石坝 E_c/E_R 值

4.2 坝高对胶凝砂砾石坝地基适应性的影响

将坝高作为变量探讨坝高变化对胶凝砂砾石坝地基适应性的影响，对同一胶凝含量、同一坡比，不同坝高的胶凝砂砾石坝进行地基适应性分析，结果见表 4.2-1～表 4.2-3。图 4.2-1～图 4.2-3 给出了坝高与坝基面铅直应力的变化趋势。

表 4.2-1 胶凝含量 C50、上下游坡比 $m=n=0.82$ 时不同坝高地基条件适应性有限元计算结果

坝高/m	地基弹性模量/(10^3MPa)	坝基面铅直应力/MPa	适应地基类型
30	3.5	0.36	强风化
37	3.5	0.43	强风化

表 4.2-2　胶凝含量 C60、上下游坡比 $m=n=0.85$ 时不同坝高地基条件适应性有限元计算结果

坝高 /m	地基弹性模量 /(10^3 MPa)	坝基面铅直应力 /MPa	适应地基类型
30	5.1	0.37	强风化
37	5	0.44	强风化
50	4.9	0.58	强风化

表 4.2-3　胶凝含量 C70、上下游坡比 $m=n=0.85$ 时不同坝高地基条件适应性有限元计算结果

坝高 /m	地基弹性模量 /(10^3 MPa)	坝基面铅直应力 /MPa	适应地基类型
30	5.8	0.37	强风化
37	5.7	0.45	强风化
50	5.9	0.59	强风化
62	5.9	0.74	强风化

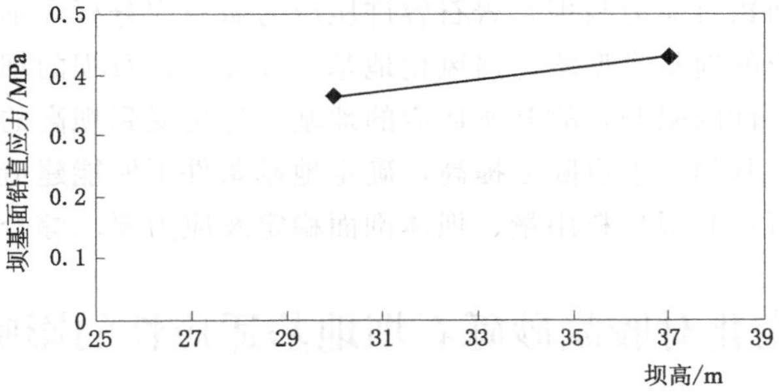

图 4.2-1　胶凝含量 C50、上下游坡比 $m=n=0.82$ 时不同坝高地基条件适应性

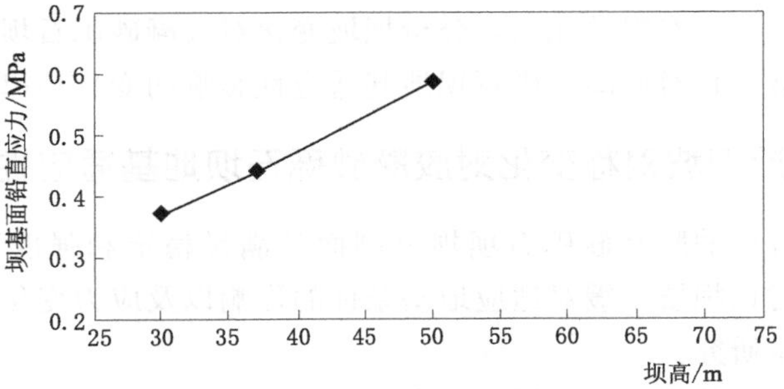

图 4.2-2　胶凝含量 C60、上下游坡比 $m=n=0.85$ 时不同坝高地基条件适应性

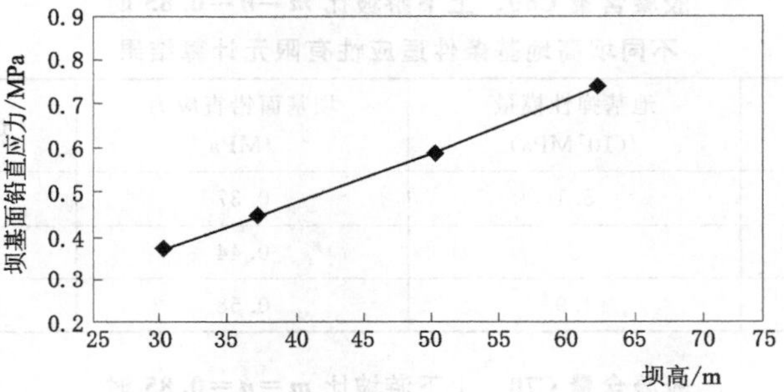

图 4.2-3 胶凝含量 C70、上下游坡比 $m=n=0.85$ 时
不同坝高地基条件适应性

分析上述图可知，对于同一胶凝含量、同一坝坡的胶凝砂砾石坝，随着坝高的增加，坝基面铅直应力明显增加且呈线性关系，即坝高越大，坝基面铅直应力越大，例如，胶凝含量 C70、$m=n=0.85$ 的胶凝砂砾石坝坝高 30m、37m、50m、62m 时坝基面铅直应力 σ_y 分别为 0.37MPa、0.45MPa、0.59MPa、0.74MPa，坝高因素对胶凝砂砾石坝地基适应性有很大的影响。将计算所得坝基面铅直应力与坝基岩石容许压应力做对应分析，不同坝高下胶凝砂砾石坝所适应的地基类型均为强风化地基。胶凝砂砾石坝的坝高受到胶凝砂砾石材料力学特性的限制，故其所适应的地基条件也受到坝高的限制，随着坝高增加其对应地基的要求也随之提高，确定地基条件下所能建造的最大坝高应根据胶凝砂砾石坝胶凝材料用量、坝体剖面稳定及应力要求综合判断确定。

4.3 坝坡变化对胶凝砂砾石坝地基适应性的影响

本小节主要讨论坝坡的改变对胶凝砂砾石坝地基适应性的影响，通过对以下两种坝坡变化方式的讨论：上下游坝坡对称增加和保持坝底宽度不变的上下游非对称变化，结合有限单元法，分析坝坡变化对胶凝砂砾石坝地基适应性的影响，得到坝坡变化对胶凝砂砾石坝地基适应性影响的变化规律。

4.3.1 上下游坝坡对称变化对胶凝砂砾石坝地基适应性的影响

上述计算分析的胶凝砂砾石坝坝体剖面是满足稳定和强度要求的最小剖面，此次主要讨论坝坡放缓对适应地基条件的影响以及应力变化规律，对于剖面优化设计不做研究。

通过讨论同一胶凝含量、同一坝高、上下游坝坡对称放缓时胶凝砂砾石坝坝体坝基应力变化，分析上下游坝坡同时放缓对胶凝砂砾石坝地基适应性的影响。表 4.3－1～表 4.3－5 分别列出了胶凝含量 C50、C60、C70 的胶凝砂砾石坝分别在坝高 30m、37m 下，上下游坝坡同时放缓时的坝基面铅直应力最大值。图4.3－1～图 4.3－5 给出了坝基面铅直应力随着上下游坝坡同时放缓的变化规律。

表 4.3－1　胶凝含量 C50、坝高 30m 时上下游坡比同时增大地基条件适应性有限元计算结果

上下游坡比 $m=n$	地基弹性模量 /(10^3MPa)	坝基面铅直应力 /MPa	适应地基类型
0.8	3.8	0.36	强风化
0.82	3.5	0.36	强风化
0.85	3.6	0.36	强风化

表 4.3－2　胶凝含量 C60、坝高 30m 时上下游坡比同时增大地基条件适应性有限元计算结果

上下游坡比 $m=n$	地基弹性模量 /(10^3MPa)	坝基面铅直应力 /MPa	适应地基类型
0.75	4.9	0.38	强风化
0.8	5	0.37	强风化
0.85	5.1	0.37	强风化

表 4.3－3　胶凝含量 C70、坝高 30m 时上下游坡比同时增大地基条件适应性有限元计算结果

上下游坡比 $m=n$	地基弹性模量 /(10^3MPa)	坝基面铅直应力 /MPa	适应地基类型
0.75	5.6	0.39	强风化
0.8	5.6	0.38	强风化
0.85	5.8	0.37	强风化

表 4.3－4　胶凝含量 C60、坝高 37m 时上下游坡比同时增大地基条件适应性有限元计算结果

上下游坡比 $m=n$	地基弹性模量 /(10^3MPa)	坝基面铅直应力 /MPa	适应地基类型
0.8	5	0.44	强风化
0.82	5	0.44	强风化
0.85	5	0.44	强风化

表 4.3-5 胶凝含量 C70、坝高 37m 时上下游坡比同时增大地基条件适应性有限元计算结果

上下游坡比 $m=n$	地基弹性模量 /(10^3MPa)	坝基面铅直应力 /MPa	适应地基类型
0.8	5.5	0.45	强风化
0.82	5.6	0.45	强风化
0.85	5.7	0.45	强风化

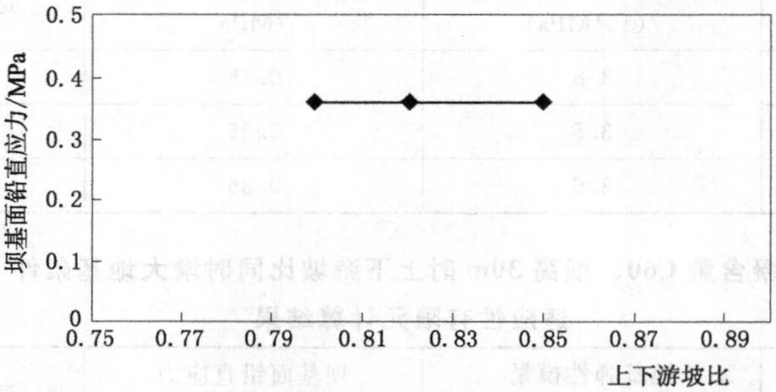

图 4.3-1 胶凝含量 C50、坝高 30m 时上下游坡比同时增大地基条件适应性

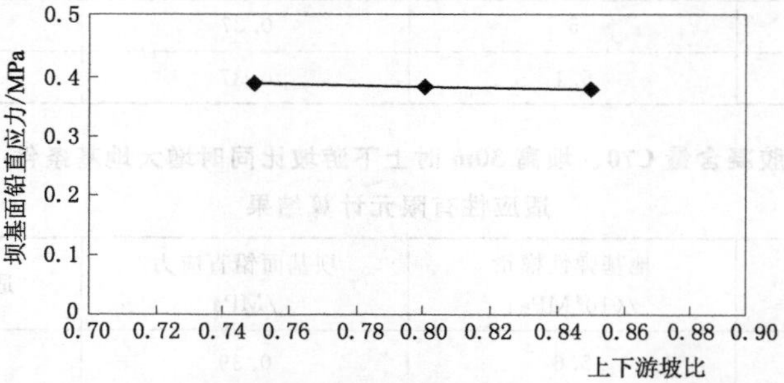

图 4.3-2 胶凝含量 C60、坝高 30m 时上下游坡比同时增大地基条件适应性

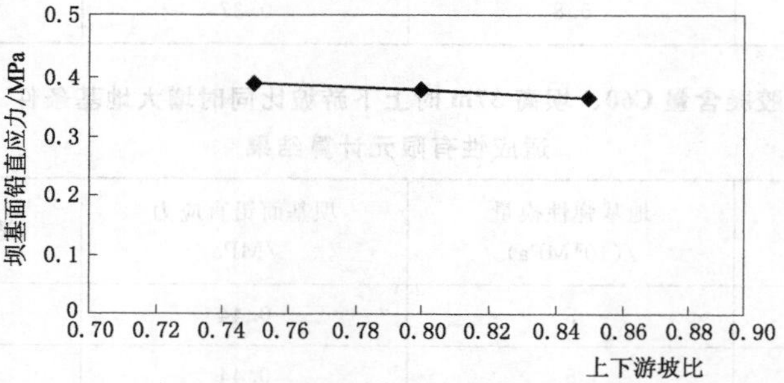

图 4.3-3 胶凝含量 C70、坝高 30m 时上下游坡比同时增大地基条件适应性

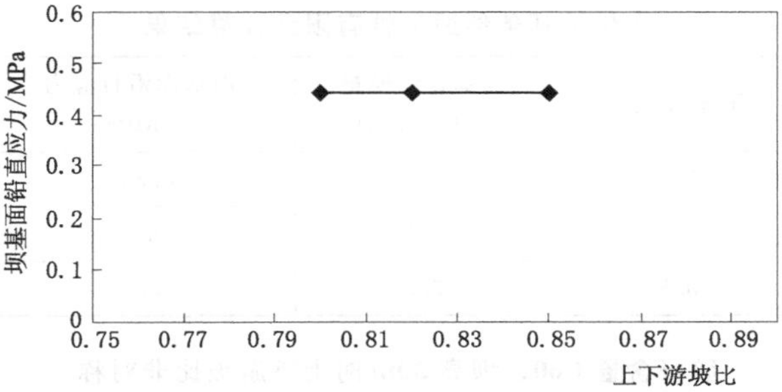

图 4.3-4 胶凝含量 C60、坝高 37m 时上下游坡比同时增大地基条件适应性

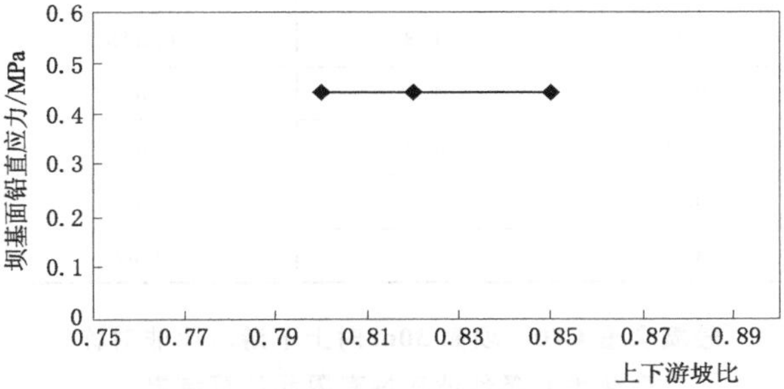

图 4.3-5 胶凝含量 C70、坝高 37m 时上下游坡比同时增大地基条件适应性

对上述图表分析可知，胶凝含量 C50、C60、C70 的胶凝砂砾石坝分别在坝高 30m、37m 下随着上下游坝坡同时放缓，坝基面铅直应力有所减小，但坝基面铅直应力均相对变化较小，综合判断上下游坝坡同时放缓对胶凝砂砾石坝地基适应性影响不大。根据确定的地基适应性控制标准划分，其适应的地基类型均为强风化地基。

4.3.2 上下游坝坡非对称变化对胶凝砂砾石坝地基适应性的影响

根据得到的满足稳定和强度要求的最小剖面，保持坝底宽度不变即上下游坡比和不变，对上下游坡比进行不同的组合变化，讨论由此引起的胶凝砂砾石坝地基适应性变化，确定上下游非对称变化对胶凝砂砾石坝地基适应性影响的变化规律。表 4.3-6～表 4.3-8 分别列出了胶凝含量 C50、C60、C70 的胶凝砂砾石坝在坝高 30m 下不同上下游坝坡组合（从上游坝坡陡下游坝坡缓变化到上下游坝坡对称）计算所得的坝基面铅直应力最大值，上下游坝坡的取值通过对坝体稳定和应力校核得到。

表 4.3-6　胶凝含量 C50、坝高 30m 时上下游坡比非对称变化地基条件适应性有限元计算结果

上游坡比 m	下游坡比 n	地基弹性模量 /(10^3MPa)	坝基面铅直应力 /MPa	适应地基类型
0.7	0.9	3.4	0.345	强风化
0.75	0.85	3.5	0.35	强风化
0.8	0.8	3.8	0.355	强风化

表 4.3-7　胶凝含量 C60、坝高 30m 时上下游坡比非对称变化地基条件适应性有限元计算结果

上游坡比 m	下游坡比 n	地基弹性模量 /(10^3MPa)	坝基面铅直应力 /MPa	适应地基类型
0.6	1	4.8	0.346	强风化
0.65	0.95	4.8	0.349	强风化
0.7	0.9	4.8	0.353	强风化
0.75	0.85	4.9	0.358	强风化
0.8	0.8	5	0.37	强风化

表 4.3-8　胶凝含量 C70、坝高 30m 时上下游坡比非对称变化地基条件适应性有限元计算结果

上游坡比 m	下游坡比 n	地基弹性模量 /(10^3MPa)	坝基面铅直应力 /MPa	适应地基类型
0.6	1	5.9	0.358	强风化
0.65	0.95	5.9	0.361	强风化
0.7	0.9	5.9	0.364	强风化
0.75	0.85	6	0.369	强风化
0.8	0.8	6.1	0.375	强风化

从上述表中数据可知，保持坝底宽度不变，随着下游坝坡变缓，坝基面铅直应力减小。综合判断上下游坝坡非对称变化对胶凝砂砾石坝地基适应性有一定影响，上游坝坡较陡、下游坝坡较缓剖面和对称剖面相比，其坝基面铅直应力减小，故上游坝坡较陡、下游坝坡较缓剖面的胶凝砂砾石坝地基适应能力较好。

4.4 本章小结

本章分别讨论了胶凝含量、坝高、上下游坝坡作为变化因素对胶凝砂砾石坝地基适应性的影响，得到了不同因素变化所引起的地基适应条件的变化规律：

(1) 同一坝高、同一剖面的胶凝砂砾石坝，随着胶凝含量的增加，坝基面铅直应力均相对变化较小，胶凝含量变化对胶凝砂砾石坝地基适应性影响不大。

(2) 同一胶凝含量、同一坝坡的胶凝砂砾石坝，随着坝高的增加，坝基面铅直应力明显增加且呈线性关系，即坝高越大，坝基面铅直应力越大，坝高因素对胶凝砂砾石坝地基适应性有很大的影响，且在强风化地基下胶凝含量C70的最大坝高为62m。

(3) 同一胶凝含量、同一坝高的胶凝砂砾石坝，上下游坝坡同时放缓时坝基面铅直应力均相对变化较小，对胶凝砂砾石坝地基适应性影响不大。

(4) 同一胶凝含量、同一坝高的胶凝砂砾石坝，坝底宽度不变，随着下游坝坡变缓，坝基面铅直应力减小。综合判断上下游坝坡非对称变化对胶凝砂砾石坝地基适应性有一定影响，上游坝坡较陡、下游坝坡较缓剖面和对称剖面相比，其坝基面铅直应力减小，故上游坝坡较陡、下游坝坡较缓剖面的胶凝砂砾石坝地基适应能力较好。

第5章

100m 级胶凝砂砾石坝剖面设计

5.1 胶凝砂砾石材料

5.1.1 胶凝砂砾石材料力学性能

归纳现有的胶凝砂砾石材料研究成果，其基本力学性能如下：

(1) 胶凝砂砾石材料是一种较典型的弹塑性材料：在低应力水平下表现出线弹性性质；随应力增大逐步进入弹塑性工作阶段，直至达到材料峰值强度；其后，应力随着应变的增长而降低，表现出明显的软化特征，最终趋近于材料的残余强度。

(2) 胶凝砂砾材料性能随着水泥含量的变化而变化。围压相同时，28d 龄期的材料抗剪强度伴随着水泥含量的增加而增强。随着围压的增大，相同水泥含量的胶凝砂砾石材料的 28d 龄期最大抗剪强度及达到最大抗剪强度时的应变值，均随着围压的增大而增加。

(3) 胶凝砂砾石坝应力偏低，但是在弹性区间内，并且其材料的应力应变关系曲线和混凝土的应力应变关系曲线相似，具有参考价值。

(4) 随着胶凝含量的增加，胶凝砂砾石材料的抗压强度也随着增强。

(5) 由于胶凝砂砾石材料的胶凝含量低于混凝土规范规定的最小胶凝含量，所以材料的抗压强度和变形能力偏低。

5.1.2 胶凝砂砾石材料强度

胶凝砂砾石材料的物理参数和力学参数均来源于试验结果，依据二级配的胶凝砂砾石材料配合比设计和测得材料的物理参数和力学参数，并对影响胶凝砂砾石材料性能的各种参数进行研究，如水灰比、砂率、粉煤灰含量和养护龄期等。对成型后的 150mm × 150mm × 150mm 立方体试块进行抗压和劈裂抗拉试验、

ϕ150mm$H$300mm 圆柱体试块进行弹性模量试验和轴心抗压试验、100mm×100mm×550 mm 立方体试块进行抗拉、极限拉伸和抗拉弹性模量试验。

不同胶凝含量的胶凝砂砾石材料物理参数和力学参数试验结果见表 5.1-1 和表 5.1-2。

表 5.1-1　　胶凝砂砾石材料物理参数

参　数	胶凝材料用量/(kg/m³)				
	40	50	60	70	80
c/kPa	132.95	183.06	256.07	359.78	501.99
φ/(°)	47.6	48.7	51	53.8	54.7
P_c/MPa	2.3	3.05	4.05	5.2	6.4
γ_c/(kN/ m³)	23	23.2	23.6	24.2	24.9

注　c 为抗剪断凝聚力；φ 为抗剪断摩擦角；P_c为胶凝材料 90d 龄期抗压强度；γ_c 为材料容重。

表 5.1-2　　胶凝砂砾石材料力学参数

参　数	胶凝材料用量/(kg/m³)			
	40	50	60	70
抗压弹性模量/GPa	0.65	1.12	1.52	1.77
泊松比	0.2	0.19	0.18	0.17

参考《胶结颗粒料筑坝技术导则》（SL 678—2014）和胶凝砂砾石材料性能试验，胶凝材料用量在 40kg/m³ 时，胶凝砂砾石材料抗压强度可达 3～5MPa；用量在 50kg/m³时，对应的抗压强度可达 5～6MPa；用量在 60kg/m³时，对应的抗压强度可达 6～8MPa；用量在 70kg/m³ 时，对应的抗压强度可达 9～10MPa。

5.2　地基材料

在剖面设计研究中，要考虑到不同胶凝含量的胶凝砂砾石坝在不同地基上的实际应力分布和对剖面形式的影响，所以根据《工程地质手册》（第五版），把地基分为岩石地基和岩土地基，研究不同地基条件下坝体剖面设计标准和地基适应性。

5.2.1　岩石地基

5.2.1.1　基本参数

根据《工程地质手册》（第五版），将岩石地基按坚硬程度分为坚硬岩、较硬岩、较软岩、软岩、极软岩 5 类。为了方便计算和研究，将岩石都视为完整未风化且节理不发育岩石，分别为Ⅰ、Ⅱ、Ⅲ、Ⅳ、Ⅴ5种岩体质量级别，等级分类见表5.2-1，对应的物理力学参数见表5.2-2。

表5.2-1　　岩石基本质量等级分类

岩石坚硬程度	完整程度				
	完整	较完整	较破碎	破碎	极破碎
坚硬岩	Ⅰ	Ⅱ	Ⅲ	Ⅳ	Ⅴ
较硬岩	Ⅱ	Ⅲ	Ⅳ	Ⅳ	Ⅴ
较软岩	Ⅲ	Ⅳ	Ⅳ	Ⅴ	Ⅴ
软岩	Ⅳ	Ⅳ	Ⅴ	Ⅴ	Ⅴ
极软岩	Ⅴ	Ⅴ	Ⅴ	Ⅴ	Ⅴ

表5.2-2　　岩石物理力学参数

岩体基本质量级别	重力密度 /(kN/m³)	抗剪强度峰值		变形模量 E/GPa	泊松比
		内摩擦角 φ/(°)	黏聚力 c/MPa		
Ⅰ	>26.5	>60	>2.1	>33	<0.2
Ⅱ		60～50	2.1～1.5	33～20	0.2～0.5
Ⅲ	26.5～24.5	50～39	1.5～0.7	20～6	0.25～0.3
Ⅳ	24.5～22.5	39～27	0.7～0.2	6～1.3	0.3～0.35
Ⅴ	<22.5	<27	<0.2	<1.3	>0.35

5.2.1.2 允许承载力

根据岩石地基的风化程度、节理发育程度，不同岩石类别的地基允许承载力见表5.2-3和表5.2-4。

表5.2-3　　岩石地基允许承载力　　单位：kPa

岩石类别	风化程度				
	未风化	微风化	弱风化	强风化	全风化
硬质岩石	≥4000	4000～3000	3000～1000	1000～500	≤500
软质岩石	≥2000	2000～1000	1000～500	500～200	≤200

表5.2-4　　岩石地基允许承载力　　单位：kPa

岩石坚硬程度	节理发育程度		
	节理不发育	节理发育	节理很发育
坚硬岩、较硬岩	≥3000	3000～2000	2000～1500
较软岩	3000～1500	1500～1000	1000～800
软岩	1200～1000	1000～800	800～500
极软岩	500～400	400～300	300～200

5.2.2 岩土地基

5.2.2.1 基本参数

根据行业标准《水运工程岩土勘察规范》（JTS 133—2013），可把土分为碎石土、砂土、粉土和黏土，为了方便计算和研究，岩土的密实度默认为密实状态，物理力学参数见表 5.2-5。

表 5.2-5　岩土物理力学参数

土类	密度/(kg/cm³)	黏聚力/kPa	内摩擦角/(°)	变形模量/MPa	摩擦系数	泊松比	重度/(kN/m³)	允许承载力/kPa
碎石土	2.2	1.5	39.33	31.43	0.82	0.2	21.56	1000
砂土	1.97	3.25	36.42	30.25	0.74	0.28	19.306	550
粉土	2.02	8	26.17	15.83	0.49	0.3	19.796	400
黏土	1.86	35.89	19.22	19.61	0.35	0.32	18.228	450

5.2.2.2 允许承载力

碎石土、砂土、粉土、黏土地基的允许承载力见表 5.2-6～表 5.2-9。

表 5.2-6　碎石土地基允许承载力　单位：kPa

颗粒骨架	密实度		
	密实	中密	稍密
卵石	1000～800	800～500	500～300
碎石	900～700	700～400	400～250
圆砾	700～500	500～300	300～200
角砾	600～400	400～250	250～150

表 5.2-7　砂土地基允许承载力　单位：kPa

土名	湿度	密实度			
		密实	中密	稍密	松散
砾砂、粗砂	与湿度无关	550	430	370	200
中砂	与湿度无关	450	370	330	150
细砂	水上	350	270	230	100
	水下	300	210	190	—
粉砂	水上	300	210	190	—
	水下	200	110	90	—

表 5.2-8　　粉土地基允许承载力　　单位：kPa

e	w					
	10%	15%	20%	25%	30%	35%
0.5	400	380	355	—	—	—
0.6	300	290	280	270	—	—
0.7	250	235	225	215	205	—
0.8	200	190	180	170	165	—
0.9	160	150	145	140	130	125

表 5.2-9　　黏土地基允许承载力　　单位：kPa

e	I_L												
	0	0.1	0.2	0.3	0.4	0.5	0.6	0.7	0.8	0.9	1.0	1.1	1.2
0.5	450	440	430	420	400	380	350	310	270	240	220	—	—
0.6	420	410	400	380	360	340	310	280	250	220	200	180	—
0.7	400	370	350	330	310	290	20	240	220	190	170	160	150
0.8	380	330	300	280	260	240	230	210	180	160	150	140	130
0.9	320	280	260	24	220	210	190	180	160	140	130	120	100
1.0	250	230	220	210	190	170	160	150	140	120	110	—	—
1.1	—	—	160	150	140	130	120	110	100	90	—	—	—

注　w 为含水率，%；I_L 为液性指数；e 为孔隙比。

5.3　考虑地基影响的重力坝设计分析

5.3.1　《混凝土重力坝设计规范》（SL 319—2018）相关要求

重力坝是由混凝土或浆砌石修筑的大体积挡水建筑物，剖面形式为三角形，整体由若干功能不同的坝段组成。重力坝受到水压力和其他荷载作用时，主要依靠坝体自重来维持稳定；此外，为了满足强度要求，必须依靠坝体自重产生的压力来抵消水压力作用时引起的拉应力。重力坝坝型的优点和缺点如下：

重力坝优点：相对安全可靠，耐久性较好，抵抗渗漏、洪水、地震和战争破坏能力比较强；设计、施工技术较为简单，便于机械化施工；地基适用性比较好，要求不高，能够在任何河谷修建；坝体设置引水、泄水孔，可以解决发电、洪水、施工导流等问题；后期维护费用相对较低。

重力坝缺点：坝体所产生的应力较低，导致材料性能不能得到充分的发挥；坝体体积过大，消耗大量材料；在施工期间混凝土所产生的温度应力和收缩应力过大，所以对温控技术要求高。

重力坝下游面是受到压应力和剪切力影响最大的部位，并且此处不产生第二主应力，使坝体材料只受到单向力作用。胶凝砂砾石材料和重力坝情况相同，所以可以采用一般单轴抗压试验得到的极限强度来作为控制标准。

参考重力坝设计规范，研究胶凝材料用量在 40kg/m³、50kg/m³、60kg/m³、

$70kg/m^3$时，以抗滑稳定安全系数、坝体应力要求为控制标准进行剖面设计。

5.3.2 剖面设计结果

胶凝砂砾石材料的特性介于混凝土与土石料料之间，其坝型也应介于重力坝和土石坝之间，所以胶凝砂砾石坝剖面设计控制标准既要满足重力坝的整体稳定要求和边缘应力要求，又要同时满足土石坝的边坡稳定要求。

在以重力坝为理论依据设计胶凝砂砾石坝，同时参考胶凝砂砾石专著，还要去考虑地基承载力问题，最终得到胶凝砂砾石坝在三角形剖面形式下，不同地基的适用性。

重力坝由于受水荷载、扬压力及自重的作用，坝体的基本剖面为三角形，控制剖面尺寸的主要指标是整体稳定要求和坝体及地基的强度要求。根据重力坝设计规范，重力坝剖面设计应满足坝体沿坝基面的整体抗滑稳定要求，一般采用抗剪断强度公式进行分析。重力坝的强度校核在坝体断面已初步拟定的情况下进行，坝体的最大和最小主应力一般都出现在上、下游边缘，所以重力坝应力控制主要是坝体边缘正应力和主应力满足强度要求。根据工程经验，重力坝基本剖面的上游坡比一般为1∶0～1∶0.2，下游坡比为1∶0.6～1∶0.8。由《混凝土重力坝设计规范》(SL 319—2018) 可知，在坝体稳定计算时，有抗剪强度公式和抗剪断强度公式两种方法，但是抗剪断更具有代表性和真实性，所以采用抗剪断强度公式进行坝体稳定验算，且利用材料力学法进行坝体应力计算，将计算结果绘制成表格，见表5.3-1～表5.3-8。

(1) C40 含量，$H=100$m，地基条件为岩石地基，且地基参数均为最大值，结果详见表 5.3-1。

(2) C40 含量，$H=100$m，地基条件为岩石地基，且地基参数均为最小值，结果详见表 5.3-2。

(3) C50 含量，$H=100$m，地基条件为岩石地基，且地基参数均为最大值，结果详见表 5.3-3。

(4) C50 含量，$H=100$m，地基条件为岩石地基，且地基参数均为最小值，结果详见表 5.3-4。

(5) C60 含量，$H=100$m，地基条件为岩石地基，且地基参数均为最大值，结果详见表 5.3-5。

(6) C60 含量，$H=100$m，地基条件为岩石地基，且地基参数均为最小值，结果详见表 5.3-6。

(7) C70 含量，$H=100$m，地基条件为岩石地基，且地基参数均为最大值，结果详见表 5.3-7。

(8) C70 含量，$H=100$m，地基条件为岩石地基，且地基参数均为最小值，结果详见表 5.3-8。

表 5.3-1 C40 含量稳定应力分析表（一）

坡比	地基	坝趾垂直应力/MPa	坝踵垂直拉应力/MPa	最大主应力/MPa	坝体与坝基抗滑稳定安全系数	地基承载力/kPa			η
						P_{max}	P_{min}	$1/2(P_{max}+P_{min})$	
$m=0.2$，$n=0.8$	坚硬岩	1.15	0.574	1.885	8.629	828.893	700.562	764.727	1.183
$m=0.2$，$n=0.8$	较硬岩	1.15	0.574	1.885	7.116	828.893	700.562	764.727	1.183
$m=0.2$，$n=0.8$	较软岩	1.15	0.574	1.885	5.603	828.893	700.562	764.727	1.183
$m=0.2$，$n=0.8$	软岩	1.15	0.574	1.885	3.04	828.893	700.562	764.727	1.183
$m=0.2$，$n=0.8$	极软岩	1.15	0.574	1.885	1.67	828.893	700.562	764.727	1.183

表 5.3-2 C40 含量稳定应力分析表（二）

坡比	地基	坝趾垂直应力/MPa	坝踵垂直拉应力/MPa	最大主应力/MPa	坝体与坝基抗滑稳定安全系数	地基承载力/kPa			η
						P_{max}	P_{min}	$1/2(P_{max}+P_{min})$	
$m=0.2$，$n=0.8$	坚硬岩	1.15	0.574	1.885	7.116	828.893	700.562	764.727	1.183
$m=0.2$，$n=0.8$	较硬岩	1.15	0.574	1.885	5.603	828.893	700.562	764.727	1.183
$m=0.2$，$n=0.8$	较软岩	1.15	0.574	1.885	3.04	828.893	700.562	764.727	1.183
$m=0.2$，$n=0.8$	软岩	1.15	0.574	1.885	1.67	828.893	700.562	764.727	1.183
$m=0.2$，$n=0.8$	极软岩	1.15	0.574	1.885	0.825	828.893	700.562	764.727	1.183

表 5.3-3　　C50 含量稳定应力分析表（一）

坡　比	地基	坝趾垂直应力/MPa	坝踵垂直拉应力/MPa	最大主应力/MPa	坝体与坝基抗滑稳定安全系数	地基承载力/kPa			η
						P_{max}	P_{min}	1/2 ($P_{max}+P_{min}$)	
m=0.2，n=0.8	坚硬岩	1.154	0.591	1.893	8.669	838.727	712.545	775.636	1.177
m=0.2，n=0.8	较硬岩	1.154	0.591	1.893	7.151	838.727	712.545	775.636	1.177
m=0.2，n=0.8	较软岩	1.154	0.591	1.893	5.633	838.727	712.545	775.636	1.177
m=0.2，n=0.8	软岩	1.154	0.591	1.893	3.06	838.727	712.545	775.636	1.177
m=0.2，n=0.8	极软岩	1.154	0.591	1.893	1.684	838.727	712.545	775.636	1.177

表 5.3-4　　C50 含量稳定应力分析表（二）

坡　比	地基	坝趾垂直应力/MPa	坝踵垂直拉应力/MPa	最大主应力/MPa	坝体与坝基抗滑稳定安全系数	地基承载力/kPa			η
						P_{max}	P_{min}	1/2 ($P_{max}+P_{min}$)	
m=0，n=0.69	坚硬岩	1.546	0.113	2.282	5.031	952.653	546.204	749.429	1.744
m=0，n=0.69	较硬岩	1.546	0.113	2.282	3.956	952.653	546.204	749.429	1.744
m=0.1，n=0.71	较软岩	1.383	0.34	2.08	2.513	882.678	642.275	762.477	1.374
m=0.2，n=0.8	软岩	1.154	0.591	1.893	1.684	838.727	712.545	775.636	1.177
m=0.2，n=0.8	极软岩	1.154	0.591	1.893	0.835	838.727	712.545	775.636	1.177

表 5.3-5 C60 含量稳定应力分析表（一）

坡比	地基	坝趾垂直应力/MPa	坝踵垂直拉应力/MPa	最大主应力/MPa	坝体与坝基抗滑稳定安全系数	地基承载力/kPa			η
						P_{max}	P_{min}	1/2（$P_{max}+P_{min}$）	
$m=0$，$n=0.69$	坚硬岩	1.546	0.157	2.283	6.166	920.178	601.956	761.067	1.529
$m=0$，$n=0.69$	较硬岩	1.546	0.157	2.283	5.083	920.178	601.956	761.067	1.529
$m=0$，$n=0.69$	较软岩	1.546	0.157	2.283	4.001	920.178	601.956	761.067	1.529
$m=0.1$，$n=0.7$	软岩	1.418	0.353	2.113	2.522	892.728	682.605	787.667	1.308
$m=0.2$，$n=0.8$	极软岩	1.163	0.626	1.907	1.712	858.397	736.512	797.455	1.165

表 5.3-6 C60 含量稳定应力分析表（二）

坡比	地基	坝趾垂直应力/MPa	坝踵垂直拉应力/MPa	最大主应力/MPa	坝体与坝基抗滑稳定安全系数	地基承载力/kPa			η
						P_{max}	P_{min}	1/2（$P_{max}+P_{min}$）	
$m=0$，$n=0.69$	坚硬岩	1.546	0.157	2.283	5.083	920.178	601.956	761.067	1.529
$m=0$，$n=0.69$	较硬岩	1.546	0.157	2.283	4.001	920.178	601.956	761.067	1.529
$m=0.1$，$n=0.7$	较软岩	1.418	0.353	2.113	2.522	892.728	682.605	787.667	1.308
$m=0.2$，$n=0.8$	软岩	1.163	0.626	1.907	1.712	858.397	736.512	797.455	1.165
$m=0.2$，$n=0.8$	极软岩	1.163	0.626	1.907	0.855	858.397	736.512	797.455	1.165

表 5.3-7　　C70 含量稳定应力分析表（一）

坡　比	地基	坝趾垂直应力 /MPa	坝踵垂直拉应力 /MPa	最大主应力 /MPa	坝体与坝基抗滑稳定安全系数	地基承载力/kPa			η
						P_{max}	P_{min}	1/2（$P_{max}+P_{min}$）	
$m=0$，$n=0.64$	坚硬岩	1.764	0.029	2.486	5.886	968.440	638.857	803.649	1.516
$m=0$，$n=0.64$	坚硬岩	1.764	0.029	2.486	4.858	968.440	638.857	803.649	1.516
$m=0$，$n=0.64$	坚硬岩	1.764	0.029	2.486	3.83	968.440	638.857	803.649	1.516
$m=0.2$，$n=0.75$	软岩	1.489	0.358	2.177	2.522	1015.168	827.332	921.250	1.227
$m=0.2$，$n=0.8$	极软岩	1.176	0.678	1.929	1.753	887.901	772.463	830.182	1.149

表 5.3-8　　C70 含量稳定应力分析表（二）

坡　比	地基	坝趾垂直应力 /MPa	坝踵垂直拉应力 /MPa	最大主应力 /MPa	坝体与坝基抗滑稳定安全系数	地基承载力/kPa			η
						P_{max}	P_{min}	1/2（$P_{max}+P_{min}$）	
$m=0$，$n=0.64$	坚硬岩	1.764	0.029	2.486	4.858	968.440	638.857	803.649	1.516
$m=0$，$n=0.64$	较硬岩	1.764	0.029	2.486	3.83	968.440	638.857	803.649	1.516
$m=0.2$，$n=0.75$	较软岩	1.489	0.358	2.177	2.522	1015.168	827.332	921.250	1.227
$m=0.2$，$n=0.8$	软岩	1.176	0.678	1.929	1.753	887.901	772.463	830.182	1.149
$m=0.2$，$n=0.8$	极软岩	1.176	0.678	1.929	0.885	887.901	772.463	830.182	1.149

根据重力坝设计规范，在运行期坝踵垂直应力不应出现拉应力、坝趾垂直应力应小于坝基容许压应力、坝体任何截面主压应力不大于混凝土允许压应力，且坝体抗滑稳定满足要求。

考虑到地基的适应性，根据《工程地质手册》（第五版），把每种地基根据参数的数值区间，分为最大参数和最小参数两种情况，分别对同一种材料进行计算分析。

以表 5.3-5～表 5.3-8 中数据进行分析，以抗剪断系数为参考，抗滑稳定安全系数≥2.50 进行控制时，大坝在极软岩地基工况下，上、下游坝坡均达到规范要求最大边坡，抗滑稳定安全系数值仍远低于临界值，无法满足抗滑稳定要求。软岩地基且最小参数工况下，上、下游坝坡均达到规范要求最大边坡，抗滑稳定安全系数值远低于临界值；最大参数工况下，抗滑稳定满足要求，因此可得知 C40、C50、C60 和 C70 含量胶凝砂砾石在软岩地基适用性具有限制，在极软岩地基具有不适用性。

C40 含量胶凝砂砾石的极限抗压强度为 5MPa，允许压应力为 5/3.5＝1.429MPa。由表计算结果可知，在 5 种岩石地基工况下，大坝在达到规范要求最大边坡时，均无法满足坝体任何截面主压应力不大于混凝土允许压应力的要求。

C50 含量胶凝砂砾石的极限抗压强度为 6MPa，允许压应力为 8/3.5＝1.714MPa。由表计算结果可知，在 5 种岩石地基工况下，大坝在达到规范要求最大边坡时，均无法满足坝体任何截面主压应力不大于混凝土允许压应力的要求。

C60 含量胶凝砂砾石的极限抗压强度为 8MPa，允许压应力为 9/3.5＝2.286MPa。由表计算结果可知，在 5 种岩石地基工况下，大坝在达到规范要求最大边坡时，均可以找到一个最优剖面形式，满足最大主应力要求，且坝趾垂直应力小于坝基允许应力，坝踵处没有产生拉应力。但是在软岩地基材料参数最小值和极软岩地基工况下，抗滑稳定安全系数无法满足要求。

C70 含量胶凝砂砾石的极限抗压强度为 10MPa，允许压应力为 10/3.5＝2.857MPa。由表计算结果可知，在 5 种岩石地基工况下，大坝在达到规范要求最大边坡时，均可以找到一个最优剖面形式，满足最大主应力要求，且坝趾垂直应力小于坝基允许应力，坝踵处没有产生拉应力。但是在软岩地基材料参数最小值和极软岩地基工况下，抗滑稳定安全系数无法满足要求。

在计算过程中，考虑到地基承载力问题，探究坝体在不同地基下的剖面形式对地基的影响。根据计算出的最大地基应力、最小地基应力、平均地基应力和最大地基应力与最小地基应力的比值，判断地基是否能够承载大坝不发生沉陷和塌陷。由上述表可知，C40、C50、C60 和 C70 胶凝材料含量的大坝在极软岩地基工况下，地基承载力无法满足允许承载力要求，再次说明了 C40、C50、C60 和 C70 胶凝材料含量的材料在极软岩地基的不适用性。

采用重力坝典型剖面形式，在不同胶凝材料用量及地基条件下，胶凝砂砾石坝设计控制条件见表 5.3-9。

表 5.3-9　胶凝砂砾石坝设计控制条件（采用重力坝典型剖面形式）

地基岩性	胶凝材料用量 40kg/m³	胶凝材料用量 50kg/m³	胶凝材料用量 60kg/m³	胶凝材料用量 70kg/m³
坚硬岩	坝体应力	坝体应力	坝体应力	坝体应力
较硬岩	坝体应力	坝体应力	坝体应力	坝体应力
较软岩	坝体应力	坝体应力	坝体应力	坝体应力
软岩	坝体应力、抗滑稳定	坝体应力、抗滑稳定	抗滑稳定	抗滑稳定
极软岩	地基承载力、抗滑稳定	抗滑稳定、地基承载力	抗滑稳定、地基承载力	抗滑稳定、地基承载力

5.4　考虑地基影响的土石坝剖面设计

5.4.1　《碾压式土石坝设计规范》(SL 274—2020) 相关要求

土石坝在大坝建筑史上是最为历史悠久的一种坝型。这种坝型一般是由施工当地的土料、石头等混合料，经过抛填、碾压等一系列的流程堆砌而成的挡水坝。目前，土石坝在世界范围内的大坝工程建设中，是应用最广泛且发展速度最快的一种坝型，土石坝有许多的优点和缺点。

优点如下：

(1) 可以就地取材，节省钢筋、水泥、木材等重要的建筑材料，从而相应地减少了材料的运输成本。

(2) 土石坝的结构相对来说较为简单，后期相对容易进行维护。

(3) 土石坝是由土石散粒体组成的，结构简单，对于变形具有很好的适应性，且对地基要求低。

(4) 土石坝的施工技术更为简单，可以采用大型机械快速施工。

缺点如下：

(1) 由于土石坝是散粒体结构，所以坝身不能产生溢流，对于施工导流产生很多不便，并且坝体对防渗的要求较大。

(2) 施工材料黏土很容易受到气候条件影响，在填筑时影响质量，导致工期延后。

(3) 土石坝的上下游边坡坡比较小，大坝整体宽大，工程量较大。

参考土石坝设计规范，研究胶凝材料用量在 40kg/m³、50kg/m³、60kg/m³、70kg/m³时，以抗滑稳定安全系数、边坡稳定和地基承载力作为控制标准，进行剖面设计。在研究过程中，仅采用《碾压式土石坝设计规范》(SL 274—2020) 的理论，暂时不考虑渗透变形问题。

5.4.1.1 土石坝边坡稳定计算

土石坝是由土或石料等当地材料筑坝而成，剖面形式为梯形。土石坝边坡是在坝体自重、外荷载和其他情况下的空隙压力共同作用下保持足够的稳定，且不会在坝体或坝体与地基接触面产生整体性剪切破坏。

根据设计规范可知土石坝边坡稳定计算应采用极限平衡法。实际工程中，采用不考虑条块间相互作用力的瑞典圆弧法较多，但是实际计算结果过于保守，所以误差较大。一般对于重大工程，在瑞典圆弧法计算后还要同时使用简化毕肖普法再次计算。均质坝可以采用简化毕肖普法进行边坡稳定计算，且对不同土层进行滑动破坏面分析，直至得到最小抗滑稳定安全系数（边坡抗滑稳定安全系数 K 在满库工况下，必须满足 $K \geqslant 1.3$）。

5.4.1.2 坝基一般要求

坝基处理应满足渗流控制、静力和动力稳定、允许沉降量和不均匀沉降量等方面的要求，保证坝的安全运行。处理的标准与要求应根据具体情况在设计中确定。竣工后的坝顶沉降量不宜大于坝高的1%，对于特殊土的处理，允许总沉降量应视具体情况确定。

当坝基中遇到下列情况时，必须慎重研究和处理：

(1) 深厚砂砾石层。

(2) 软黏土。

(3) 湿陷性黄土。

(4) 疏松砂土及少黏性土。

(5) 岩溶。

(6) 有断层、破碎带、透水性强或软弱夹层的岩石。

(7) 含有大量可溶盐类的岩石和土。

(8) 透水坝基下游坝脚处有连续的透水性较差的覆盖层。

(9) 矿区井、洞。

结合相关规范标准，如《建筑地基基础设计规范》(GB 50007—2011) 和《水闸设计规范》(SL 265—2016) 等，提出对地基的控制指标要求：

(1) 所有建筑物的地基计算均应满足承载力计算的有关规定。

(2) 设计等级为甲级、乙级的建筑物，均应按地基变形设计。

按《水闸设计规范》(SL 265—2016) 的规定，当结构布置及受力情况对称时按下式计算。

$$P_{max}=\sum G/A+\sum M/W \tag{5.4-1}$$

$$P_{min}=\sum G/A-\sum M/W \tag{5.4-2}$$

式中：P_{max}为闸室基底应力的最大值，kPa；P_{min}为闸室基底应力的最小值，kPa；$\sum G$ 为作用在闸室上的全部竖向荷载，kN；$\sum M$ 为在竖向水流方向上所有垂直和水平载荷作用在基础底面质心轴上的闸室的力矩，kN・m；A 为闸基底面面积，m^2；W 为闸室底面相对于垂直于水流方向的底面重心的截面力矩，kN・m。

1) 在所有情况下，平均基础应力均不大于地基允许承载力。

2) 最大基础应力不大于地基允许承载力的 1.2 倍。

3) 最大值与最小值之比应满足表 5.4-1 的规定。

表 5.4-1　　不同地基的承载力比值校核

地基土质	荷载组合	
	基本组合	特殊组合
松软	1.5	2
中等坚实	2	2.5
坚实	2.5	3

5.4.2 剖面设计结果

胶凝砂砾石材料的特性介于混凝土与土石料之间，其坝型也应介于重力坝和土石坝之间，所以胶凝砂砾石坝剖面设计控制标准既要满足重力坝的整体稳定要求和边缘应力要求，又要同时满足土石坝的边坡稳定要求。

参照《碾压土石坝设计规范》(SL 274—2000) 中坝坡抗滑稳定安全系数的要求，见表 5.4-2，最终得到胶凝砂砾石坝在梯形剖面形式下，不同地基的适用性。

表 5.4-2 土石坝坝坡抗滑稳定安全系数

运用条件	工程等级			
	1	2	3	4、5
正常运用条件	1.50	1.35	1.30	1.25
非常运用条件Ⅰ	1.30	1.25	1.25	1.15
非常运用条件Ⅱ	1.20	1.15	1.15	1.10

（1）C40 含量，$H=100$m，地基条件为岩土地基，且地基参数均为最大值，结果见表 5.4-3。

（2）C40 含量，$H=100$m，地基条件为岩土地基，且地基参数均为最小值，结果见表 5.4-4。

（3）C50 含量，$H=100$m，地基条件为岩土地基，且地基参数均为最大值，结果见表 5.4-5。

（4）C50 含量，$H=100$m，地基条件为岩土地基，且地基参数均为最小值，结果见表 5.4-6。

（5）C60 含量，$H=100$m，地基条件为岩土地基，且地基参数均为最大值，结果见表 5.4-7。

（6）C60 含量，$H=100$m，地基条件为岩土地基，且地基参数均为最小值，结果见表 5.4-8。

（7）C70 含量，$H=100$m，地基条件为岩土地基，且地基参数均为最大值，结果见表 5.4-9。

（8）C70 含量，$H=100$m，地基条件为岩土地基，且地基参数均为最小值，结果见表 5.4-10。

对以上表格数据进行分析，以抗剪断系数为参考，抗滑稳定安全系数≥2.50 进行控制，边坡抗滑稳定安全系数≥1.30 进行控制。由计算可知，在 4 种岩土地基工况，边坡稳定均满足要求的情况下，以抗滑稳定为控制条件。当抗滑稳定安全系数均达到临界值时，得到最优剖面。

在计算过程中，土石坝必须要考虑到地基承载力问题，探究坝体在不同地基下的剖面形式对地基的影响。根据计算出的最大地基应力、最小地基应力、平均地基应力和最大地基应力与最小地基应力的比值，判断地基是否能够承载大坝不发生沉陷和塌陷。由上述表可知，C40、C50、C60 和 C70 胶凝材料含量大坝在黏土、粉土、砂土地基工况下，地基承载力均无法满足允许承载力要求，说明了 C40、C50、C60 和 C70 胶凝材料含量在黏土、粉土、砂土地基的不适用性。

表 5.4-3　　C40 含量稳定应力分析表（一）

坡　　比	地基	边坡抗滑稳定安全系数		坝体与坝基抗滑稳定安全系数	地基承载力/kPa			η
		上游侧	下游侧		P_{max}	P_{min}	1/2（$P_{max}+P_{min}$）	
m=1.52，n=1.52	黏土	1.921	1.921	2.502	874.169	806.722	840.446	1.084
m=1.16，n=1.15	粉土	1.826	1.822	2.504	896.126	804.289	850.207	1.114
m=0.7，n=0.69	砂土	1.566	1.554	2.507	965.709	783.285	874.497	1.233
m=0.62，n=0.62	碎石土	1.467	1.467	2.500	1066.206	884.540	975.373	1.205

表 5.4-4　　C40 含量稳定应力分析表（二）

坡　　比	地基	边坡抗滑稳定安全系数		坝体与坝基抗滑稳定安全系数	地基承载力/kPa			η
		上游侧	下游侧		P_{max}	P_{min}	1/2（$P_{max}+P_{min}$）	
m=2.6，n=2.61	黏土	1.463	1.467	2.501	850.585	805.536	828.060	1.056
m=1.64，n=1.63	粉土	1.699	1.696	2.502	871.176	807.162	839.169	1.079
m=1.27，n=1.28	砂土	1.763	1.766	2.500	884.692	805.119	844.906	1.099
m=0.9，n=0.89	碎石土	1.816	1.803	2.502	924.395	797.299	860.847	1.159

表 5.4-5　　C50 含量稳定应力分析表（一）

坡　　比	地基	边坡抗滑稳定安全系数		坝体与坝基抗滑稳定安全系数	地基承载力/kPa			η
		上游侧	下游侧		P_{max}	P_{min}	1/2（$P_{max}+P_{min}$）	
m=1.5，n=1.5	黏土	1.957	1.957	2.501	885.120	816.816	850.968	1.084
m=1.14，n=1.14	粉土	1.885	1.885	2.501	906.038	814.130	860.084	1.113
m=0.69，n=0.68	砂土	1.782	1.769	2.506	978.916	792.512	885.714	1.235
m=0.61，n=0.62	碎石土	1.674	1.688	2.505	995.851	781.593	888.722	1.274

表 5.4-6 C50 含量稳定应力分析表（二）

坡比	地基	边坡抗滑稳定安全系数		坝体与坝基抗滑稳定安全系数	地基承载力/kPa			η
		上游侧	下游侧		P_{max}	P_{min}	1/2（$P_{max}+P_{min}$）	
m=2.57，n=2.57	黏土	1.480	1.480	2.501	861.912	815.950	838.931	1.056
m=1.61，n=1.62	粉土	1.733	1.736	2.500	879.740	816.957	848.348	1.077
m=1.26，n=1.26	砂土	1.836	1.836	2.506	897.424	815.553	856.489	1.100
m=0.88，n=0.89	碎石土	1.946	1.953	2.500	932.231	806.806	869.519	1.155

表 5.4-7 C60 含量稳定应力分析表（一）

坡比	地基	边坡抗滑稳定安全系数		坝体与坝基抗滑稳定安全系数	地基承载力/kPa			η
		上游侧	下游侧		P_{max}	P_{min}	1/2（$P_{max}+P_{min}$）	
m=1.46，n=1.47	黏土	1.990	1.995	2.504	906.015	837.220	871.617	1.082
m=1.11，n=1.11	粉土	1.970	1.970	2.500	929.348	834.446	881.897	1.114
m=0.67，n=0.66	砂土	2.094	2.079	2.501	1006.553	811.629	909.091	1.240
m=0.59，n=0.61	碎石土	1.971	2.001	2.501	1019.882	800.118	910.000	1.275

表 5.4-8 C60 含量稳定应力分析表（二）

坡比	地基	边坡抗滑稳定安全系数		坝体与坝基抗滑稳定安全系数	地基承载力/kPa			η
		上游侧	下游侧		P_{max}	P_{min}	1/2（$P_{max}+P_{min}$）	
m=2.51，n=2.5	黏土	1.490	1.485	2.500	883.888	836.660	860.274	1.056
m=1.57，n=1.58	粉土	1.780	1.784	2.501	901.643	837.434	869.538	1.077
m=1.23，n=1.22	砂土	1.913	1.907	2.503	922.138	836.294	879.216	1.103
m=0.86，n=0.86	碎石土	2.127	2.127	2.500	959.033	826.682	892.857	1.160

表 5.4-9 C70 含量稳定应力分析表（一）

坡比	地基	边坡抗滑稳定安全系数		坝体与坝基抗滑稳定安全系数	地基承载力/kPa			η
		上游侧	下游侧		P_{max}	P_{min}	1/2（$P_{max}+P_{min}$）	
$m=1.4$，$n=1.42$	黏土	2.025	2.033	2.500	938.220	867.944	903.082	1.081
$m=1.07$，$n=1.07$	粉土	2.061	2.061	2.504	964.357	865.107	914.732	1.115
$m=0.63$，$n=0.66$	砂土	2.350	2.365	2.502	1032.809	839.134	935.971	1.231
$m=0.57$，$n=0.59$	碎石土	2.364	2.400	2.507	1060.280	828.609	944.444	1.280

表 5.4-10 C70 含量稳定应力分析表（二）

坡比	地基	边坡抗滑稳定安全系数		坝体与坝基抗滑稳定安全系数	地基承载力/kPa			η
		上游侧	下游侧		P_{max}	P_{min}	1/2（$P_{max}+P_{min}$）	
$m=2.42$，$n=2.41$	黏土	1.476	1.472	2.500	915.591	867.370	891.481	1.056
$m=1.52$，$n=1.51$	粉土	1.816	1.812	2.501	937.573	868.817	903.195	1.079
$m=1.18$，$n=1.18$	砂土	1.963	1.963	2.502	955.096	866.855	910.976	1.102
$m=0.83$，$n=0.83$	碎石土	2.268	2.268	2.508	996.275	857.135	926.705	1.162

采用土石坝典型剖面形式，在不同胶凝材料用量及地基条件下，胶凝砂砾石坝设计控制条件见表 5.4-11。

表 5.4-11 胶凝砂砾石坝设计控制条件（采用土石坝典型剖面形式）

项目	胶凝材料用量 $40kg/m^3$	胶凝材料用量 $50kg/m^3$	胶凝材料用量 $60kg/m^3$	胶凝材料用量 $70kg/m^3$
黏土	地基承载力、抗滑稳定	地基承载力、抗滑稳定	地基承载力、抗滑稳定	地基承载力、抗滑稳定
粉土	地基承载力、抗滑稳定	地基承载力、抗滑稳定	地基承载力、抗滑稳定	地基承载力、抗滑稳定
砂土	地基承载力、抗滑稳定	地基承载力、抗滑稳定	地基承载力、抗滑稳定	地基承载力、抗滑稳定
碎石土	抗滑稳定	抗滑稳定	抗滑稳定	抗滑稳定

5.5 考虑地基影响的胶凝砂砾石坝剖面设计

根据现有研究成果可知，胶凝含量为 $40kg/m^3$ 时，胶凝砂砾石坝剖面形式类似于土石坝，经计算，坝体应力分布规律也类似于土石坝，因此，应根据土石坝的设计理论来完成设计；胶凝含量为 $80kg/m^3$ 时，胶凝砂砾石材料已经完全胶结成为整体，材料的抗剪强度基本可以满足直坡要求，此时的坝体剖面应属于重力坝剖面，剖面应按重力坝设计理论设计。由此可推断，胶凝含量为 $50\sim70kg/m^3$ 时，胶凝砂砾石坝同时具有土石坝和重力坝特征。在坝体设计时，还考虑到地基对坝体剖面形式的影响，选择胶凝含量为 $40kg/m^3$、$50kg/m^3$、$60kg/m^3$、$70kg/m^3$ 时分别在岩石地基和岩土地基上，进行 100m 级胶凝砂砾石坝剖面设计。

（1）C40 含量，$H=100m$，地基条件为岩石地基，且地基参数均为最大值，结果见表 5.5-1。

（2）C40 含量，$H=100m$，地基条件为岩石地基，且地基参数均为最小值，结果见表 5.5-2。

（3）C50 含量，$H=100m$，地基条件为岩石地基，且地基参数均为最大值，结果见表 5.5-3。

（4）C50 含量，$H=100m$，地基条件为岩石地基，且地基参数均为最小值，结果见表 5.5-4。

（5）C60 含量，$H=100m$，地基条件为岩石地基，且地基参数均为最大值，结果见表 5.5-5。

表 5.5-1 C40 含量稳定应力分析表（一）

坡　比	地基	坝趾垂直压应力/MPa	坝踵垂直拉应力/MPa	最大主应力/MPa	边坡抗滑稳定安全系数		坝体与坝基抗滑稳定安全系数	地基承载力/kPa			η
					上游侧	下游侧		P_{max}	P_{min}	$1/2\ (P_{max}+P_{min})$	
$m=0.53$，$n=0.53$	坚硬岩	1.711	0.263	2.192	1.354	1.354	9.59	1026.546	752.765	889.655	1.364
$m=0.53$，$n=0.53$	较硬岩	1.711	0.263	2.192	1.354	1.354	7.933	1026.546	752.765	889.655	1.364
$m=0.53$，$n=0.53$	较软岩	1.711	0.263	2.192	1.354	1.354	6.276	1026.546	752.765	889.655	1.364
$m=0.53$，$n=0.53$	软岩	1.711	0.263	2.192	1.591	1.567	3.451	1026.546	752.765	889.655	1.364
$m=0.72$，$n=0.7$	极软岩	1.411	0.53	2.103	2.542	2.53	2.501	963.807	784.877	874.342	1.228

表 5.5-2 C40 含量稳定应力分析表（二）

坡　比	地基	坝趾垂直压应力/MPa	坝踵垂直拉应力/MPa	最大主应力/MPa	边坡抗滑稳定安全系数		坝体与坝基抗滑稳定安全系数	地基承载力/kPa			η
					上游侧	下游侧		P_{max}	P_{min}	$1/2\ (P_{max}+P_{min})$	
$m=0.53$，$n=0.53$	坚硬岩	1.711	0.263	2.192	1.354	1.354	7.933	1026.546	752.765	889.655	1.364
$m=0.53$，$n=0.53$	较硬岩	1.711	0.263	2.192	1.354	1.354	6.276	1026.546	752.765	889.655	1.364
$m=0.53$，$n=0.53$	较软岩	1.711	0.263	2.192	1.354	1.354	3.451	1026.546	752.765	889.655	1.364
$m=0.72$，$n=0.7$	软岩	1.411	0.53	2.103	1.591	1.566	2.501	963.807	784.877	874.342	1.228
$m=1.49$，$n=1.48$	极软岩	1.052	0.823	3.356	2.542	2.53	2.501	876.707	806.680	841.694	1.087

表 5.5-3 **C50 含量稳定应力分析表（一）**

坡比	地基	坝趾垂直压应力 /MPa	坝踵垂直拉应力 /MPa	最大主应力 /MPa	边坡抗滑稳定安全系数		坝体与坝基抗滑稳定安全系数	地基承载力/kPa			η
					上游侧	下游侧		P_{max}	P_{min}	1/2（$P_{max}+P_{min}$）	
m=0.48，n=0.49	坚硬岩	1.841	0.164	2.283	1.498	1.511	8.901	1061.323	749.331	905.327	1.416
m=0.48，n=0.49	较硬岩	1.841	0.164	2.283	1.498	1.511	7.366	1061.323	749.331	905.327	1.416
m=0.48，n=0.49	较软岩	1.841	0.164	2.283	1.498	1.511	5.83	1061.323	749.331	905.327	1.416
m=0.48，n=0.49	软岩	1.841	0.164	2.283	1.809	1.796	3.211	1061.323	749.331	905.327	1.416
m=0.71，n=0.7	极软岩	1.42	0.541	2.115	2.728	2.728	2.501	973.400	794.812	884.106	1.225

表 5.5-4 **C50 含量稳定应力分析表（二）**

坡比	地基	坝趾垂直压应力 /MPa	坝踵垂直拉应力 /MPa	最大主应力 /MPa	边坡抗滑稳定安全系数		坝体与坝基抗滑稳定安全系数	地基承载力/kPa			η
					上游侧	下游侧		P_{max}	P_{min}	1/2（$P_{max}+P_{min}$）	
m=0.48，n=0.49	坚硬岩	1.841	0.164	2.283	1.498	1.511	7.366	1061.323	749.331	905.327	1.416
m=0.48，n=0.49	较硬岩	1.841	0.164	2.283	1.498	1.511	5.83	1061.323	749.331	905.327	1.416
m=0.48，n=0.49	较软岩	1.841	0.164	2.283	1.498	1.511	3.211	1061.323	749.331	905.327	1.416
m=0.71，n=0.7	软岩	1.42	0.541	2.115	1.809	1.796	2.501	973.400	794.812	884.106	1.225
m=1.47，n=1.47	极软岩	1.061	0.834	3.353	1.804	1.804	2.502	886.476	816.813	851.645	1.085

表 5.5-5 **C60 含量稳定应力分析表（一）**

坡比	地基	坝趾垂直压应力/MPa	坝踵垂直拉应力/MPa	最大主应力/MPa	边坡抗滑稳定安全系数		坝体与坝基抗滑稳定安全系数	地基承载力/kPa			η
					上游侧	下游侧		P_{max}	P_{min}	$1/2\ (P_{max}+P_{min})$	
$m=0.5$，$n=0.5$	坚硬岩	1.828	0.22	2.285	1.443	1.725	9.231	1121.968	750.197	936.082	1.496
$m=0.5$，$n=0.5$	较硬岩	1.828	0.22	2.285	1.443	1.725	7.642	1121.968	750.197	936.082	1.496
$m=0.5$，$n=0.5$	较软岩	1.828	0.22	2.285	1.443	1.725	6.054	1121.968	750.197	936.082	1.496
$m=0.43$，$n=0.44$	软岩	1.828	0.22	2.285	1.443	1.725	3.341	1098.247	754.115	926.18	1.456
$m=0.69$，$n=0.7$	极软岩	1.436	0.563	2.140	3.24	3.225	2.501	991.554	813.815	902.685	1.218

表 5.5-6 **C60 含量稳定应力分析表（二）**

坡比	地基	坝趾垂直压应力/MPa	坝踵垂直拉应力/MPa	最大主应力/MPa	边坡抗滑稳定安全系数		坝体与坝基抗滑稳定安全系数	地基承载力/kPa			η
					上游侧	下游侧		P_{max}	P_{min}	$1/2\ (P_{max}+P_{min})$	
$m=0.5$，$n=0.5$	坚硬岩	1.828	0.22	2.285	1.443	1.725	7.642	1121.968	750.197	936.082	1.496
$m=0.5$，$n=0.5$	较硬岩	1.828	0.22	2.285	1.443	1.725	6.054	1121.968	750.197	936.082	1.496
$m=0.43$，$n=0.44$	较软岩	1.828	0.22	2.285	1.443	1.725	3.341	1098.247	754.115	926.181	1.456
$m=0.69$，$n=0.7$	软岩	1.436	0.563	2.140	3.24	3.225	2.501	991.554	813.815	902.685	1.218
$m=1.44$，$n=1.43$	极软岩	1.091	0.848	3.323	1.835	1.84	2.500	909.970	837.505	873.737	1.087

表 5.5-7 C70 含量稳定应力分析表（一）

坡比	地基	坝趾垂直压应力/MPa	坝踵垂直拉应力/MPa	最大主应力/MPa	边坡抗滑稳定安全系数		坝体与坝基抗滑稳定安全系数	地基承载力/kPa			η
					上游侧	下游侧		P_{max}	P_{min}	1/2（$P_{max}+P_{min}$）	
m=0.42，n=0.43	坚硬岩	2.129	0.008	2.523	2.086	2.105	8.114	1164.177	778.139	971.158	1.496
m=0.42，n=0.43	较硬岩	2.129	0.008	2.523	2.086	2.105	6.724	1164.177	778.139	971.158	1.496
m=0.42，n=0.43	较软岩	2.129	0.008	2.523	2.086	2.105	5.335	1164.177	778.139	971.158	1.496
m=0.42，n=0.43	软岩	2.129	0.008	2.523	2.54	2.579	2.956	1164.177	778.139	971.158	1.496
m=0.67，n=0.69	极软岩	1.478	0.584	2.182	3.774	3.774	2.504	1025.474	844.389	934.932	1.214

表 5.5-8 C70 含量稳定应力分析表（二）

坡比	地基	坝趾垂直压应力/MPa	坝踵垂直拉应力/MPa	最大主应力/MPa	边坡抗滑稳定安全系数		坝体与坝基抗滑稳定安全系数	地基承载力/kPa			η
					上游侧	下游侧		P_{max}	P_{min}	1/2（$P_{max}+P_{min}$）	
m=0.42，n=0.43	坚硬岩	2.129	0.008	2.523	1.458	1.450	6.724	1164.177	778.139	971.158	1.496
m=0.42，n=0.43	较硬岩	2.129	0.008	2.523	1.458	1.450	5.335	1164.177	778.139	971.158	1.496
m=0.42，n=0.43	较软岩	2.129	0.008	2.523	1.458	1.450	2.956	1164.177	778.139	971.158	1.496
m=0.67，n=0.69	软岩	1.478	0.584	2.182	2.540	2.567	2.504	1025.474	844.389	934.932	1.214
m=1.39，n=1.39	极软岩	1.126	0.876	3.302	1.878	1.878	2.500	942.052	868.364	905.208	1.085

（6）C60 含量，H＝100m，地基条件为岩石地基，且地基参数均为最小值，结果见表 5.5－6。

（7）C70 含量，H＝100m，地基条件为岩石地基，且地基参数均为最大值，结果见表 5.5－7。

（8）C70 含量，H＝100m，地基条件为岩石地基，且地基参数均为最小值，结果见表 5.5－8。

第6章

胶凝砂砾石坝性态演变规律分析

6.1 计算理论与方法

6.1.1 非稳定温度场计算理论

根据研究成果，当胶凝含量比较低时，胶凝砂砾石材料的应力应变关系是非线性的，而且具有明显的软化特性。此次非线性有限元计算的目的是考察不同冻融条件下胶凝砂砾石坝的应力及变形状况，以应力水平满足要求作为控制标准。以仿真计算为手段，开展当胶凝含量比较低时胶凝砂砾石坝抗冻融措施的研究。

结构仿真计算就是对胶凝砂砾石坝施工过程、外界条件及其材料性质的变化等因素进行较为精确细致地模拟计算，以得到与实际相符合的温度、应力和位移求解。对于大体积坝体，一般是分层浇筑的，还会采取一定的防裂措施，加之外界温湿度发生变化，胶凝砂砾石温度特性、湿度特性参数和力学计算参数都是随时间变化的，所以计算时必须充分考虑这些因素对计算结果的影响。由此，本章从传统非稳定温度及应力场的仿真计算理论开始，逐步展开对考虑采用铁管和聚乙烯塑料水管（PE管）进行冷却的水管冷却温度和应力的精细算法，应用Fortran语言，编制相应的仿真程序计算。本章所介绍的理论模型是基于以下假设进行的：

（1）胶凝砂砾石是均匀连续的各向同性材料，服从小变形假设。

（2）热传导服从Fourier定律。

（3）各种载荷引起的各种应变满足叠加原理。

6.1.1.1 控制方程

混凝土导热性能很低，在自身水化放热过程中，混凝土主要是通过表面热传导和辐射与外界进行热量交换，热传导是物体进行热量交换的主要方式。热流量是一定面积的物体两侧存在单位温差时，单位时间内由传导、对流、辐射方式通过该物体所传递的热量。通过物体的热流量与两侧温度差成正比，与厚度成反比，且与材料的导热性能有关。单位面积的热流量称为热流通量。稳态导热通过物体的热流通量不随时间改变，其内部不存在热量的蓄积；非稳态导热通过物体的热流通量与内部温度分布随时间而变化。热传导示意图见图6.1－1。

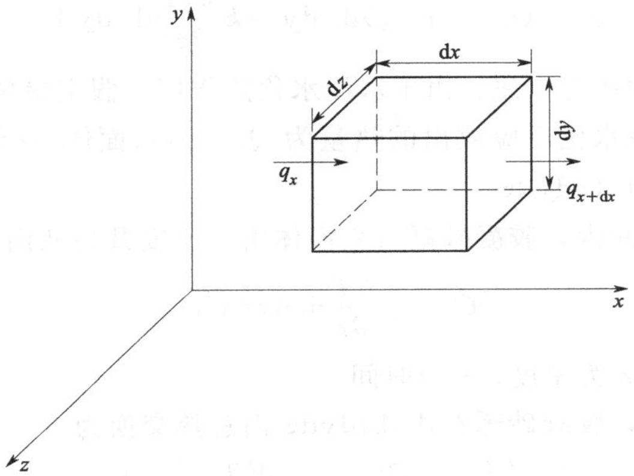

图 6.1－1 热传导示意图

如图 6.1－1 所示，从胶凝砂砾石材料内部取出一无限小的六面体 $dxdydz$，在单位时间内沿 x 轴方向从左边界 $dydz$ 流入的热量为 $q_x dydz$，流出的热量为 $q_{x+dx}dydz$，则单位时间内 x 方向的净热量为

$$Q_x = (q_x - q_{x+dx})dydz \tag{6.1-1}$$

在胶凝砂砾石热传导过程中，热流量 q（单位时间内通过单位面积的热量）的绝对值与温度梯度 $\frac{\partial T}{\partial x}$ 的绝对值成正比，但由于热量总是由温度高的地方向低的地方传递，即热流方向与温度梯度方向相反，即

$$q = -k\frac{\partial T}{\partial x} \tag{6.1-2}$$

式中：k 为导热系数。

很显然，热流量 q 是 x 的函数，则将 q_{x+dx} 沿 x 方向按泰勒级数展开，则

$$q_{x+dx} \cong q_x + \frac{\partial q_x}{\partial x}dx + \frac{\partial^2 q_x}{2\partial x^2}(dx)^2 + \cdots + \frac{\partial^n q_x}{n!\ \partial x^n}(dx)^n \tag{6.1-3}$$

取展开式的前两项，得

$$q_{x+dk} \cong -k\frac{\partial T}{\partial x} - k\frac{\partial^2 T}{\partial x^2}dx \tag{6.1-4}$$

则 x 方向流入的净热量为

$$Q_x=(q_x-q_{x+\mathrm{d}x})\mathrm{d}y\mathrm{d}z=k\frac{\partial^2 T}{\partial x^2}\mathrm{d}x\mathrm{d}y\mathrm{d}z \tag{6.1-5}$$

同理

$$Q_y=(q_y-q_{y+\mathrm{d}y})\mathrm{d}x\mathrm{d}z=k\frac{\partial^2 T}{\partial y^2}\mathrm{d}x\mathrm{d}y\mathrm{d}z \tag{6.1-6}$$

$$Q_z=(q_z-q_{z+\mathrm{d}z})\mathrm{d}x\mathrm{d}y=k\frac{\partial^2 T}{\partial z^2}\mathrm{d}x\mathrm{d}y\mathrm{d}z \tag{6.1-7}$$

胶凝砂砾石中掺有水泥，由于水泥水化热作用，假定单位体积胶凝砂砾石在单位时间内水泥水化反应放出的热量为 Q_θ，则六面体 $\mathrm{d}x\mathrm{d}y\mathrm{d}z$ 在单位时间内释放的热量为 $Q_\theta\mathrm{d}x\mathrm{d}y\mathrm{d}z$。

同时在 $\mathrm{d}\tau$ 时间内，胶凝砂砾石六面体由于温度升高从而吸收的热量为

$$Q=c\rho\frac{\partial T}{\partial \tau}\mathrm{d}\tau\mathrm{d}x\mathrm{d}y\mathrm{d}z \tag{6.1-8}$$

式中：c 为比热；ρ 为密度；τ 为时间。

则时间 $\mathrm{d}\tau$ 内，胶凝砂砾石块 $\mathrm{d}x\mathrm{d}y\mathrm{d}z$ 内总热交换为

$$\sum_{i=1}^{n}Q_i=\left(k\frac{\partial^2 T}{\partial x^2}+k\frac{\partial^2 T}{\partial y^2}+k\frac{\partial^2 T}{\partial z^2}+Q_\theta\right)\mathrm{d}x\mathrm{d}y\mathrm{d}z\mathrm{d}\tau \tag{6.1-9}$$

由于热量的平衡，物体从外面流入的热量与自身水化反应产生的热量等于物体温度升高所需的热量，即 $Q=\sum_{i=1}^{n}Q_i$，也即

$$c\rho\frac{\partial T}{\partial \tau}\mathrm{d}\tau\mathrm{d}x\mathrm{d}y\mathrm{d}z=\left(k\frac{\partial^2 T}{\partial x^2}+k\frac{\partial^2 T}{\partial y^2}+\frac{\partial^2 T}{\partial z^2}+Q_\theta\right)\mathrm{d}x\mathrm{d}y\mathrm{d}z\mathrm{d}\tau \tag{6.1-10}$$

经简化

$$\frac{\partial T}{\partial \tau}=a\left(\frac{\partial^2 T}{\partial x^2}+\frac{\partial^2 T}{\partial y^2}+\frac{\partial^2 T}{\partial z^2}\right)+\frac{Q_\theta}{c\rho} \tag{6.1-11}$$

式中：a 为导温系数，$a=\dfrac{k}{c\rho}$。

根据上式，绝热温升条件下，即六面体与周围环境没有热量交换，$a=0$，则式（6.1-11）可简化为

$$\frac{\partial \theta}{\partial \tau}=\frac{Q_\theta}{c\rho} \tag{6.1-12}$$

式中：θ 为胶凝砂砾石的绝热温升值。

将式（6.1-12）代入式（6.1-11）中，则胶凝砂砾石六面体的热传导方程可写为

$$\frac{\partial T}{\partial \tau}=a\left(\frac{\partial^2 T}{\partial x^2}+\frac{\partial^2 T}{\partial y^2}+\frac{\partial^2 T}{\partial z^2}\right)+\frac{\partial \theta}{\partial \tau} \tag{6.1-13}$$

已知第 i 批浇筑的胶凝砂砾石 R_i 的浇筑温度为 T_i^0，浇筑时间为 t_i^0，R_i 相应的初始条件为

$$T=T_i^0[t=t_i^0,\ \forall(x,\ y,\ z)\in R_i] \tag{6.1-14}$$

对于施工运行期的任一时刻 t，若 $t_i^0\leqslant t<t_{i+1}^0$，则已浇筑的胶凝砂砾石空间 $\overline{R}_i$ 为

$$\overline{R}_i=R_1\cup R_2\cup\cdots\cup R_{i-1}\cup R_i \tag{6.1-15}$$

边界条件 $\overline{S}_i$ 通常由三部分组成：

$$\overline{S}_i=\overline{S}_i^1\cup\overline{S}_i^2\cup\overline{S}_i^3 \tag{6.1-16}$$

$\overline{S}_i^1$ 为第一类边界条件，边界的温度为已知，即

$$T=T_s(t)[\forall(x,\ y,\ z)\in\overline{S}_i^1] \tag{6.1-17}$$

式中：T_s 为给定温度，可以表示已知气温、地温或水温。

第二类边界条件 $\overline{S}_i^2$ 为绝热边界，边界条件为

$$\frac{\partial T}{\partial n}=0[\forall(x,\ y,\ z)\in\overline{S}_i^2] \tag{6.1-18}$$

第三类边界条件 $\overline{S}_i^3$ 指边界单位面积上的散热量与内外温差的比例，边界条件为

$$\frac{\partial T}{\partial n}+\frac{\beta(\tau_i)}{\lambda}[T-T_a(t)]=0[\forall(x,\ y,\ z)\in\overline{S}_i^3] \tag{6.1-19}$$

式中：λ 为导热系数，kJ/(m·h·℃)；$T_a(t)$ 为气温，℃；β 为表面热交换系数，kJ/(m^2·h·℃)，一般情况下，β 是外表面属性及时间的函数。

6.1.1.2 温度场的有限元计算

计算过程任意时刻 t 温度场的计算取如下泛函：

$$I(T)=\iiint_{R_t}\left\{\frac{1}{2}\left[\left(\frac{\partial T}{\partial x}\right)^2+\left(\frac{\partial T}{\partial y}\right)^2+\left(\frac{\partial T}{\partial z}\right)^2\right]+\frac{1}{a}\left(\frac{\partial T}{\partial t}-\frac{\partial \theta}{\partial \tau}\right)T\right\}\mathrm{d}x\mathrm{d}y\mathrm{d}z$$
$$+\iint_{\overline{S}_t^3}\frac{\beta}{\lambda}\left(\frac{T}{2}-T_a\right)T\mathrm{d}s \tag{6.1-20}$$

将区域 R_t 划分为有限个单元，则

$$I(t)=\sum_e I^e \tag{6.1-21}$$

$$I^e=\iiint_{R_t^e}\left\{\frac{1}{2}\left[\left(\frac{\partial T}{\partial x}\right)^2+\left(\frac{\partial T}{\partial y}\right)^2+\left(\frac{\partial T}{\partial z}\right)^2\right]+\frac{1}{a}\left(\frac{\partial T}{\partial t}-\frac{\partial \theta}{\partial \tau}\right)T\right\}\mathrm{d}x\mathrm{d}y\mathrm{d}z$$

$$+\iint_{S_t^{3,e}}\frac{\beta}{\lambda}\left(\frac{T}{2}-T_a\right)T\mathrm{d}s \tag{6.1-22}$$

每个单元内任一点的温度可以用该单元结点温度表示为

$$T=\sum_{i=1}^{m}N_iT_i \tag{6.1-23}$$

将式（6.1-23）代入式（6.1-20），由泛函的驻值条件 $\frac{\delta I}{\delta T}=0$ 可得温度场求解的递推方程组，向后差分为下式：

$$\left(H+\frac{1}{\Delta t_n}R\right)T_{n+1}-\frac{1}{\Delta t_n}RT_n+F_{n+1}=0 \tag{6.1-24}$$

其中

$$H_{ij}=\sum_e(h_{ij}^e+g_{ij}^e) \tag{6.1-25}$$

$$R_{ij}=\sum_e r_{ij}^e \tag{6.1-26}$$

$$F_i=\sum_e(-f_i^e-p_i^e) \tag{6.1-27}$$

其中

$$\begin{aligned}h_{ij}^e&=\iiint_{\Delta R_t^e}\left(\frac{\partial N_i}{\partial x}\frac{\partial N_j}{\partial x}+\frac{\partial N_i}{\partial y}\frac{\partial N_j}{\partial y}+\frac{\partial N_i}{\partial z}\frac{\partial N_j}{\partial z}\right)\mathrm{d}x\mathrm{d}y\mathrm{d}z\\&=\int_{-1}^{1}\int_{-1}^{1}\int_{-1}^{1}\left(\frac{\partial N_i}{\partial x}\frac{\partial N_j}{\partial x}+\frac{\partial N_i}{\partial y}\frac{\partial N_j}{\partial y}+\frac{\partial N_i}{\partial z}\frac{\partial N_j}{\partial z}\right)|J|\mathrm{d}\xi\mathrm{d}\eta\mathrm{d}\zeta\end{aligned} \tag{6.1-28}$$

$$g_{ij}^e=\frac{\beta}{\lambda}\iint_{\Delta S_t^e}N_iN_j\mathrm{d}S=\frac{\beta}{\lambda}\int_{-1}^{1}\int_{-1}^{1}N_iN_j\sqrt{E_\eta E_\zeta-E_{\eta\zeta}^2}\Big|_{\xi=\pm1}\mathrm{d}\eta\mathrm{d}\zeta \tag{6.1-29}$$

$$r_{ij}^e=\iiint_{\Delta R_t^e}\frac{1}{a}N_iN_j\mathrm{d}x\mathrm{d}y\mathrm{d}z=\frac{1}{a}\int_{-1}^{1}\int_{-1}^{1}\int_{-1}^{1}N_iN_j|J|\ \mathrm{d}\xi\mathrm{d}\eta\mathrm{d}\zeta \tag{6.1-30}$$

$$f_i^e=\iiint_{\Delta R_t^e}\frac{1}{a}\left(\frac{\partial\theta}{\partial\tau}\right)_{t_i}N_i\mathrm{d}x\mathrm{d}y\mathrm{d}z=\frac{1}{a}\left(\frac{\partial\theta}{\partial t}\right)_{t_i}\int_{-1}^{1}\int_{-1}^{1}\int_{-1}^{1}N_i|J|\mathrm{d}\xi\mathrm{d}\eta\mathrm{d}\zeta \tag{6.1-31}$$

$$p_i^e=\frac{\beta}{\lambda}\iint_{\Delta S_t^e}T_aN_i\mathrm{d}S=T_a\frac{\beta}{\lambda}\int_{-1}^{1}\int_{-1}^{1}N_i\sqrt{E_\eta E_\zeta-E_{\eta\zeta}^2}\Big|_{\xi=\pm1}\mathrm{d}\eta\mathrm{d}\zeta \tag{6.1-32}$$

在式（6.1-29）和式（6.1-32）中：

$$E_\xi=\left(\frac{\partial x}{\partial\xi}\right)^2+\left(\frac{\partial y}{\partial\xi}\right)^2+\left(\frac{\partial z}{\partial\xi}\right)^2(\xi,\ \eta,\ \zeta) \tag{6.1-33}$$

$$E_{\xi\eta}=\frac{\partial x}{\partial \xi}\frac{\partial x}{\partial \eta}+\frac{\partial y}{\partial \xi}\frac{\partial y}{\partial \eta}+\frac{\partial z}{\partial \xi}\frac{\partial z}{\partial \eta}(\xi,\ \eta,\ \zeta) \tag{6.1-34}$$

上述各式中$|J|$的计算公式如下：

$$|J|=\begin{vmatrix}\frac{\partial x}{\partial \xi} & \frac{\partial y}{\partial \xi} & \frac{\partial z}{\partial \xi}\\ \frac{\partial x}{\partial \eta} & \frac{\partial y}{\partial \eta} & \frac{\partial z}{\partial \eta}\\ \frac{\partial x}{\partial \zeta} & \frac{\partial y}{\partial \zeta} & \frac{\partial z}{\partial \zeta}\end{vmatrix}=\begin{bmatrix}\frac{\partial N_1}{\partial \xi} & \frac{\partial N_2}{\partial \xi} & \cdots & \frac{\partial N_m}{\partial \xi}\\ \frac{\partial N_1}{\partial \eta} & \frac{\partial N_2}{\partial \eta} & \cdots & \frac{\partial N_m}{\partial \eta}\\ \frac{\partial N_1}{\partial \zeta} & \frac{\partial N_2}{\partial \zeta} & \cdots & \frac{\partial N_m}{\partial \zeta}\end{bmatrix}\times\begin{bmatrix}x_1 & y_1 & z_1\\ x_2 & y_2 & z_2\\ \cdots & \cdots & \cdots\\ x_m & y_m & z_m\end{bmatrix} \tag{6.1-35}$$

$$\begin{Bmatrix}\frac{\partial N_i}{\partial x}\\ \frac{\partial N_i}{\partial x}\\ \frac{\partial N_i}{\partial x}\end{Bmatrix}=[J]^{-1}\begin{Bmatrix}\frac{\partial N_i}{\partial \xi}\\ \frac{\partial N_i}{\partial \eta}\\ \frac{\partial N_i}{\partial \zeta}\end{Bmatrix}(i=1,\ 2,\ \cdots,\ m) \tag{6.1-36}$$

上式各系数计算均采用高斯积分法。对八结点六面体单元，沿每个坐标方向取两个积分点，积分坐标为（$-\sqrt{3}/3$，$\sqrt{3}/3$），权系数$H_i=1.0$；对六结点五面体单元，沿ζ坐标方向取两个积分点，积分点坐标为（$-\sqrt{3}/3$，$\sqrt{3}/3$），权系数$H_i=1.0$。沿ξ、η方向由于积分区间为［0，1］，故每个坐标方向只取一个积分点，坐标为1/3，权系数为0.5。

准稳定温度场计算同样可按上述式进行，只是令荷载列阵$F_i=0$。

若令式（6.1-24）中$R_i=0$，$F_i=0$及$g_i=0$，式（6.1-24）就成为稳定温度场的求解方程：

$$HT=0 \tag{6.1-37}$$

在得到式（6.1-37）后，还需采用乘大数法考虑第一类边界S_i^1上的边界条件。

6.1.2 应力场计算基本理论

6.1.2.1 应力场计算理论

基于弹性徐变理论，复杂应力状态下的应变增量包括弹性应变增量、温度应变增量、徐变应变增量、自生体积应变增量和干缩应变增量，即

$$\{\Delta\varepsilon_n\}=\{\Delta\varepsilon_n^e\}+\{\Delta\varepsilon_n^c\}+\{\Delta\varepsilon_n^T\}+\{\Delta\varepsilon_n^S\}+\{\Delta\varepsilon_n^0\} \tag{6.1-38}$$

式中：$\{\Delta\varepsilon_n^e\}$为弹性应变增量；$\{\Delta\varepsilon_n^c\}$为徐变应变增量；$\{\Delta\varepsilon_n^T\}$为温度应变增量；$\{\Delta\varepsilon_n^S\}$为干缩应变增量；$\{\Delta\varepsilon_n^0\}$为自生体积应变增量。

（1）弹性应变增量：

$$\{\Delta\varepsilon_n^e\} = \frac{1}{E(\bar{\tau}_n)}[Q][\Delta\sigma_n] \quad \left(\bar{\tau}_n = \frac{\tau_{n-1}+\tau_n}{2}，下同\right) \tag{6.1-39}$$

其中

$$[Q] = \begin{bmatrix} 1 & -\mu & -\mu & 0 & 0 & 0 \\ & 1 & -\mu & 0 & 0 & 0 \\ & & 1 & 0 & 0 & 0 \\ & & & 2(1+\mu) & 0 & 0 \\ & 对 & 称 & & 2(1+\mu) & 0 \\ & & & & & 2(1+\mu) \end{bmatrix} \tag{6.1-40}$$

(2) 徐变应变增量：

$$\{\Delta\varepsilon_n^c\} = \{\eta_n\} + C(t_n, \bar{\tau}_n)[Q][\Delta\sigma_n] \tag{6.1-41}$$

其中

$$\{\eta_n\} = \sum_i (1 - e^{-r_i \Delta\tau_n})\{\tilde{\omega}_{sn}\} \tag{6.1-42}$$

$$\{\tilde{\omega}_{i,n}\} = \{\tilde{\omega}_{i,n-1}\}e^{-r_i\Delta\tau_{n-1}} + [Q]\{\Delta\sigma_{n-1}\}\psi_i(\bar{\tau}_{n-1})e^{-0.5r_i\Delta\tau_{n-1}} \tag{6.1-43}$$

$$\{\tilde{\omega}_{i1}\} = \{\Delta\sigma_0\}\psi_i(\tau_0) \tag{6.1-44}$$

(3) 温度应变增量：

$$\{\Delta\varepsilon_n^T\} = \{\alpha_T\Delta T_n, \alpha_T\Delta T_n, \alpha_T\Delta T_n, 0, 0, 0\} \tag{6.1-45}$$

式中：α_T 为线膨胀系数，当前后两时段温度小于0℃时，混凝土发生冻胀，看成“热胀冷缩”的特例，取线膨胀系数为负；ΔT_n 为时段内的变温。

(4) 自生体积应变增量：$\{\Delta\varepsilon_n^0\}$ 通常由试验资料得到。

把式 (6.1-39)、式 (6.1-41)、式 (6.1-45) 代入式 (6.1-38) 得物理方程的增量形式：

$$\{\Delta\sigma_n\} = [\bar{D}_n](\{\Delta\varepsilon_n\} - \{\eta_n\} - \{\Delta\varepsilon_n^T\} - \{\Delta\varepsilon_n^0\} - \{\Delta\varepsilon_n^S\}) \tag{6.1-46}$$

其中

$$[\bar{D}_n] = \bar{E}_n[Q]^{-1} \tag{6.1-47}$$

$$[Q]^{-1} = \frac{1-\mu}{(1+\mu)(1-2\mu)} \begin{bmatrix} 1 & \frac{\mu}{1-\mu} & \frac{\mu}{1-\mu} & 0 & 0 & 0 \\ & 1 & \frac{\mu}{1-\mu} & 0 & 0 & 0 \\ & & 1 & 0 & 0 & 0 \\ & & & \frac{1-2\mu}{2(1-\mu)} & 0 & 0 \\ & 对 & 称 & & \frac{1-2\mu}{2(1-\mu)} & 0 \\ & & & & & \frac{1-2\mu}{2(1-\mu)} \end{bmatrix} \tag{6.1-48}$$

$$\overline{E}_n = \frac{E(\overline{\tau}_n)}{1 + E(\overline{\tau}_n)C(t_n, \overline{\tau}_n)} \tag{6.1-49}$$

6.1.2.2 应力场有限元方法

根据物理方程、几何方程和平衡方程，可得任一 Δt_n 时段内整个区域内的有限元支配方程：

$$[K]\{\Delta\delta_n\} = \{\Delta P_n\}^L + \{\Delta P_n\}^T + \{\Delta P_n\}^C + \{\Delta P_n\}^0 + \{\Delta P_n\}^S \tag{6.1-50}$$

式中：$\{\Delta P_n\}^L$ 为外荷载引起的结点荷载增量；$\{\Delta P_n\}^T$ 为温变引起的结点荷载增量；$\{\Delta P_n\}^C$ 为徐变引起的结点荷载增量；$\{\Delta P_n\}^0$ 为自生体积变形引起的结点荷载增量；$\{\Delta P_n\}^S$ 为干缩变形引起的结点荷载增量。

$$\{\Delta P_n\} = \sum_e \{\Delta P_n\}_e \tag{6.1-51}$$

其中

$$\{\Delta P_n\}_e^C = \iiint_{\Delta R} [B]^T [\overline{D_n}] \{\eta_n\} \mathrm{d}x\mathrm{d}y\mathrm{d}z \tag{6.1-52}$$

$$\{\Delta P_n\}_e^T = \iiint_{\Delta R} [B]^T [\overline{D_n}] \{\Delta\varepsilon_n^T\} \mathrm{d}x\mathrm{d}y\mathrm{d}z \tag{6.1-53}$$

$$\{\Delta P_n\}_e^0 = \iiint_{\Delta R} [B]^T [\overline{D_n}] \{\Delta\varepsilon_n^0\} \mathrm{d}x\mathrm{d}y\mathrm{d}z \tag{6.1-54}$$

$$\{\Delta P_n\}_e^S = \iiint_{\Delta R} [B]^T [\overline{D_n}] \{\Delta\varepsilon_n^S\} \mathrm{d}x\mathrm{d}y\mathrm{d}z \tag{6.1-55}$$

$$\{\Delta P_n\}_e^L = [N]^T \{\Delta P\}_e + \iiint_{\Delta R} [N]^T \{\Delta q\}_e \mathrm{d}x\mathrm{d}y\mathrm{d}z + \iint_{\Delta C3} [N]^T \{\Delta p\}_e \tag{6.1-56}$$

式中：$\{\Delta P\}_e$、$\{\Delta q\}_e$、$\{\Delta p\}_e$ 分别为该时刻单元所受到的集中力、体力（包括自重）、面力的增量。

通过整体支配方程求得各结点位移增量 $\Delta\delta_n$，然后按式（6.1－57）求得应变增量 $\Delta\varepsilon_n$，继而根据式（6.1－39）得到应力增量。

$$\{\Delta\varepsilon_n\} = [B]\{\Delta\delta_n\} \tag{6.1-57}$$

6.2 工程概况

6.2.1 概况

欧峪克（Oyuk）坝位于土耳其西 Anatolian 区的 Aydin 省。该坝为对称硬填方面板坝，位于 Alangullu 支流 Germencik 区以北 2km 处，功能以灌溉为主。欧峪克（Oyuk）坝业主为国家水利工程总局（DSI），其最终设计由 Dolsar 工程有限公司和 Hido Dizayn 工程公司完成。

欧峪克（Oyuk）坝有效库容约为 59 亿 m^3，至河谷底线高度为 93m，至坝基高度为 100m，为该类坝型最高。上下游坡比均为 1∶0.7，坝顶长 212m。欧峪克（Oyuk）坝总体布置见图 6.2－1。

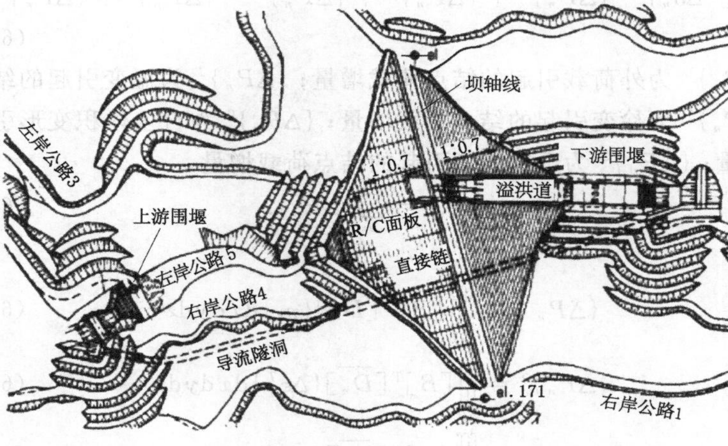

图 6.2－1 Oyuk 坝总体布置图

欧峪克（Oyuk）坝采用坝址下游 3km 处的一处料场作为其自然骨料来源。根据实验室试验结果，依照统一土分类法，该料场材料为 GP－SP（分级差的砾石及分级差的砂石）、SP－GM（砾砂及粉质砾石），以及一小部分 GW－GM（级配优良的砾石和粉质砾石混合物）。材料与粉煤灰经筛选，去除粒径大于 75mm 的骨料后，材料特性适宜于用作硬填方骨料。

火山灰选用来自 Yatagan 火电厂的 F 类粉煤灰，PC－42.5 水泥（常规硅酸盐水泥）从 Aydin Soke 水泥厂采购。各类型混合物的配比确定后，通过实验室试验验证其和易性及强度，主要测试以下指标：凝结时间；水化热；收缩膨胀系数；各类配比条件下 9 个 $\phi=30$cm、$H=45$cm 圆柱形试块的 7d、28d 及 90d 强度。

坝址处气候为典型地中海式气候条件，冬季温和多雨，夏季干燥炎热，年均降水量和年平均气温分别为 640mm 和 18℃，坝址区域无重大气候气象问题，但在施工期，如遇雨季或高温异常天气，需采取保护措施。

计算时拟合公式为

$$T_{\alpha}(t)=18+9\times\cos\left[\frac{\pi}{6}(t-7.0)\right] \tag{6.2-1}$$

式中：t 为月份。

6.2.2 坝体材料及参数

（1）胶凝砂砾石材料。

1）力学参数。胶凝砂砾石材料力学参数见表 6.2-1。

表 6.2-1　　胶凝砂砾石材料力学参数

参　数	胶凝材料用量/(kg/m³)			
	40	50	60	70
抗压弹模/GPa	0.65	1.12	1.52	1.77
泊松比	0.2	0.19	0.18	0.17

参考胶结颗粒料筑坝技术导则和胶凝砂砾石材料性能试验，胶凝材料用量在 40kg/m³ 时，胶凝砂砾石材料抗压强度可达 3～5MPa；胶凝材料用量在 50kg/m³时，胶凝砂砾石材料抗压强度可达 5～6MPa；胶凝材料用量在 60kg/m³时，胶凝砂砾石材料抗压强度可达 6～8MPa，这里选择 8MPa；胶凝材料用量在 70kg/m³ 时，胶凝砂砾石材料抗压强度可达 9～10MPa，这里选择 10MPa。

根据守口堡试验数据，采用下式拟合随龄期变化的抗压强度：

C60 胶凝材料：　$f_c(\tau)=8\times[1-\exp(-0.45\times\tau^{0.56})]\text{MPa}$　(6.2-2)

C70 胶凝材料：　$f_c(\tau)=10\times[1-\exp(-0.45\times\tau^{0.56})]\text{MPa}$　(6.2-3)

则胶凝砂砾石随龄期变化的弹性模量如下：

C60 胶凝材料：　$E(\tau)=1.52[1-\exp(-0.45\times\tau^{0.56})]\text{GPa}$　(6.2-4)

C70 胶凝材料：　$E(\tau)=1.77[1-\exp(-0.45\times\tau^{0.56})]\text{GPa}$　(6.2-5)

因缺乏现场实测资料，参照类似室内试验结果，自生体积变形如下：

$$\varepsilon(\tau)=-28[1-\exp(-0.08\times\tau^{0.75})]\times10^{-6} \quad (6.2-6)$$

2）热学参数。由于缺乏现场实测资料，胶凝砂砾石的热学参数，根据室内试验结果所得，见表 6.2-2。

表 6.2-2　　胶凝砂砾石热学参数及线胀系数

材料种类	位置	导热系数 λ /[kJ/(m·h·℃)]	导温系数 a /(m²/h)	比热 c /[kJ/(kg·℃)]	线胀系数 α /(10⁻⁶/℃)
胶凝砂砾石	坝体	7.375	0.0016	0.99	5.6

根据守口堡试验结果，仿真计算采用的绝热温升模型见式（6.2-7），拟合结果见图 6.2-2。

$$\theta(\tau)=8.8[1-\exp(-0.55\times\tau^{0.7})]℃ \quad (6.2-7)$$

热交换系数参照类似工程选取，考虑年平均 1.2m/s 的风速影响，表面换热系数取 53.75kJ/(m²·h·℃)。

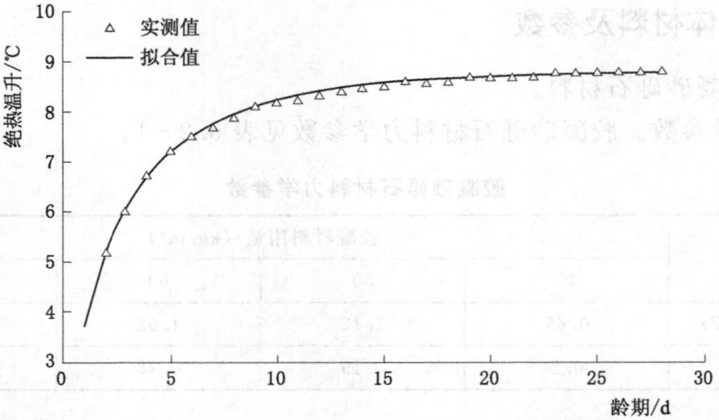

图 6.2-2 胶凝砂砾石绝热温升实测值及拟合值

（2）地基。岩石地基物理力学参数见表 6.2-3。

表 6.2-3 岩石地基物理力学参数

岩体基本质量级别	重力密度 /(kN/m³)	抗剪强度峰值		变形模量 E/GPa	泊松比
		内摩擦角 φ/(°)	黏聚力 c/MPa		
Ⅰ	>26.5	>60	>2.1	>33	<0.2
Ⅱ		60～50	2.1～1.5	33～20	0.2～0.5
Ⅲ	26.5～24.5	50～39	1.5～0.7	20～6	0.25～0.3
Ⅳ	24.5～22.5	39～27	0.7～0.2	6～1.3	0.3～0.35
Ⅴ	<22.5	<27	<0.2	<1.3	>0.35

6.3 计算结果及分析

6.3.1 计算模型与计算条件

根据工程资料，选取土耳其的 Oyuk 胶凝砂砾石坝为模型进行分析，坝高 100m，坝顶宽度为 7.5m，上下游坡比为 1∶0.7。建立有限元模型时，分别向上游、下游以及地基方向延伸 100m，模型共有结点 56896 个、计算单元 51060 个。有限元模型示意图见图 6.3-1。

根据已知的相关计算参数，采用基于水泥水化三维非稳定温度与应力计算理论与方法，针对施工期的胶凝砂砾石坝中可能出现的裂缝问题，进行深入的分析，阐述裂缝成因和机理，以求能够提出更为有效的防裂措施，确保后续工程不再出现裂缝。

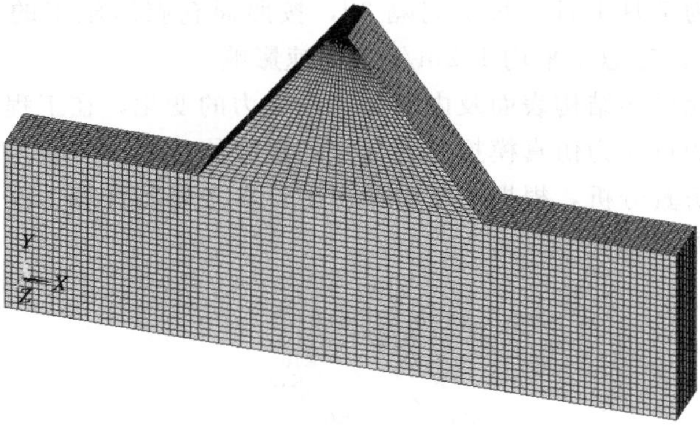

图 6.3-1 有限元模型示意图

在温度场仿真计算时，假定计算域为基础底面及四周，计算域对称面均为绝热边界，其他面为存在热量交换的边界。

在应力场仿真计算时，假定计算域底面为铰支座，四周为连杆支撑。

仿真计算采用基于水化度的混凝土温度和应力计算理论与模型，考虑水化反应本身对混凝土绝热温升、导热系数、弹性模量、自生体积变形的影响，同时，在不同的工况下分别考虑引入拉伸徐变对混凝土应力场的影响。计算过程中考虑的荷载除了包括混凝土结构的温度荷载外，还包括混凝土自重和自生体积变形引起的荷载等。在整个计算过程中，为了提高仿真模拟结果的准确度，对混凝土的施工过程、养护方式、环境条件等均进行模拟。

下文所述的应力代表第一主应力，且以拉应力为正、压应力为负。

6.3.2 施工期仿真计算分析

工况 1～工况 4 考察胶凝材料用量 60kg/m^3 和 70kg/m^3、地基分别为坚硬岩基和软岩地基时，胶凝砂砾石坝的性态演变规律。对满足不同剖面和坝体材料的坝体施工期性态演变规律进行分析。具体计算工况见表 6.3-1。

表 6.3-1 计 算 工 况

工况	胶凝材料用量 /(kg/m^3)	地基	坡 比	浇筑日期
1	60	坚硬岩基	m=0.50，n=0.50	夏季浇筑，7月1日
2	60	软岩地基	m=0.70，n=0.70	夏季浇筑，7月1日
3	70	坚硬岩基	m=0.50，n=0.50	夏季浇筑，7月1日
4	70	软岩地基	m=0.50，n=0.50	夏季浇筑，7月1日

浇筑日期为 7 月 1 日，每层间隔 3d，按照通仓碾压施工的方式，每仓碾压高度约 1.5m，考虑年平均 1.2m/s 的风速影响。

为了直观地描述结构表面及内部温度和应力的变化，在工程模型中需要选取具有代表性的点作为仿真模拟的特征点，选取施工期具有典型性的断面进行温度和应力的仿真分析，根据上文中给出的计算条件和计算工况，特征点坐标具体分布位置见图 6.3-2。

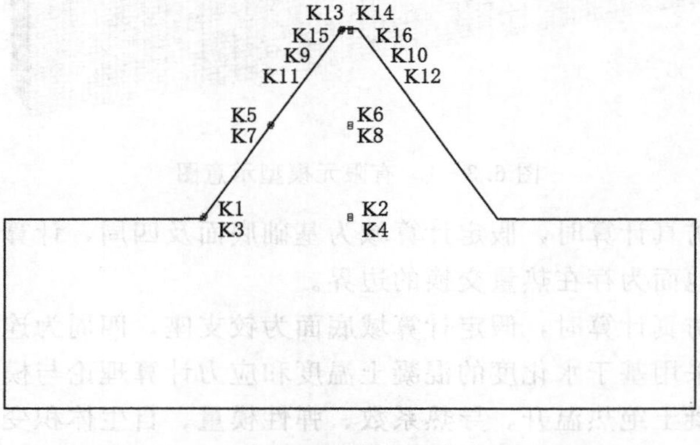

图 6.3-2　有限元模型特征点位置分布图

坝体三维典型剖面见图 6.3-3；龄期分别为 3.5d、60d、120d、201d 和 250d，计算剖面取 $Y=10$m 位置处，各工况计算结果见图 6.3-4～图 6.3-44，图中龄期以 d 为单位。

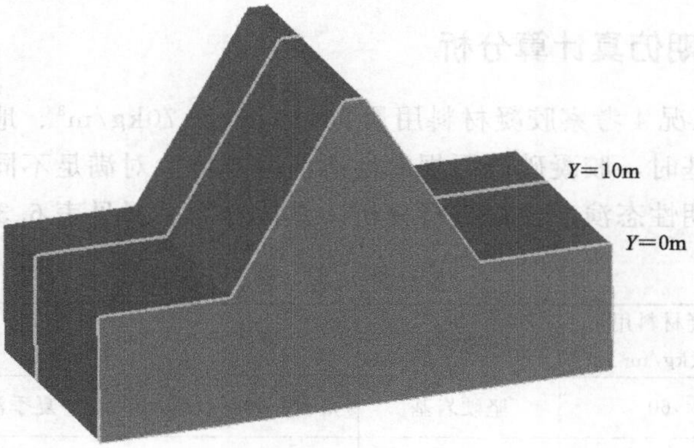

图 6.3-3　坝体三维典型剖面图

6.3.2.1　工况一计算结果

工况一计算结果见图 6.3-4～图 6.3-12。

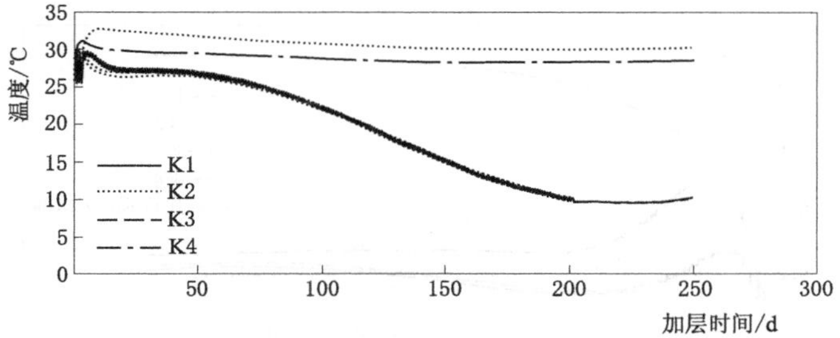

图 6.3-4　工况一 K1～K4 特征点时间与温度关系曲线

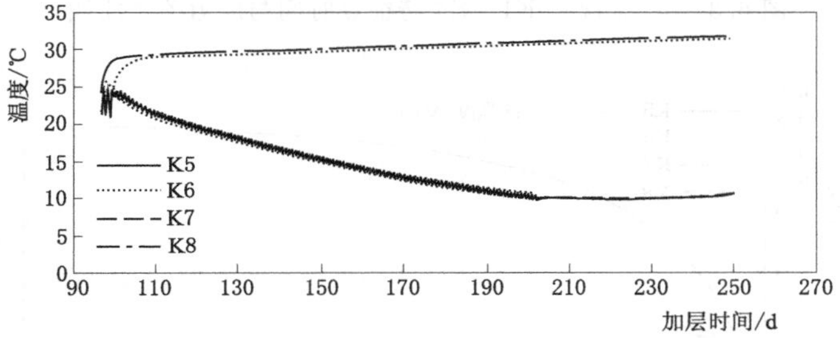

图 6.3-5　工况一 K5～K8 特征点时间与温度关系曲线

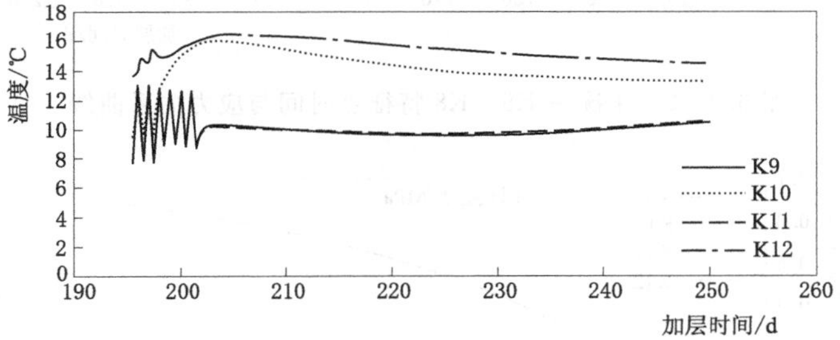

图 6.3-6　工况一 K9～K12 特征点时间与温度关系曲线

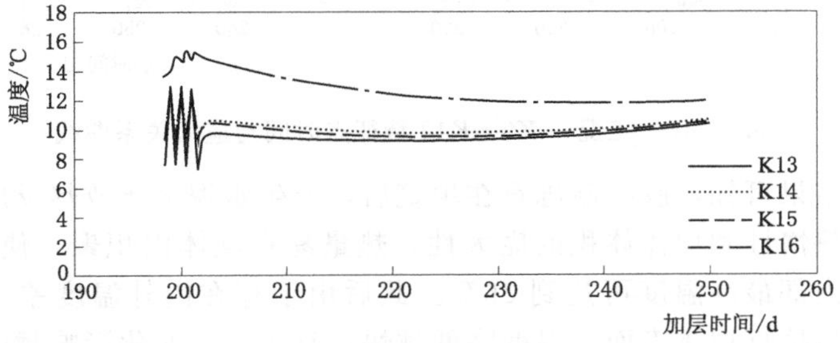

图 6.3-7　工况一 K13～K16 特征点时间与温度关系曲线

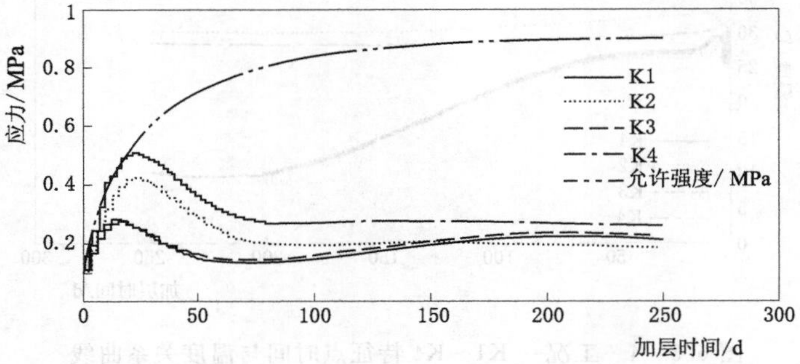

图 6.3-8 工况一 K1～K4 特征点时间与应力关系曲线

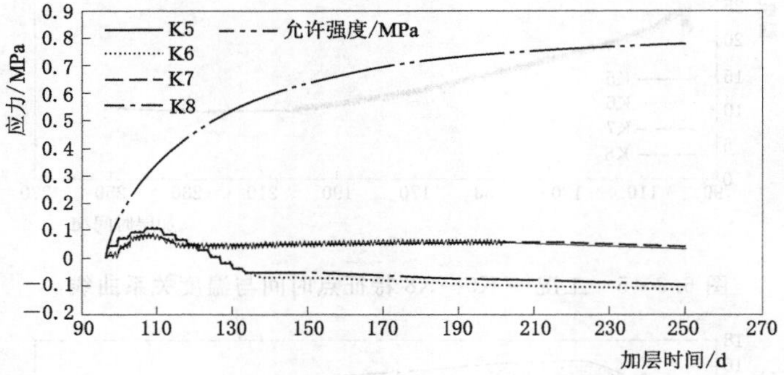

图 6.3-9 工况一 K5～K8 特征点时间与应力关系曲线

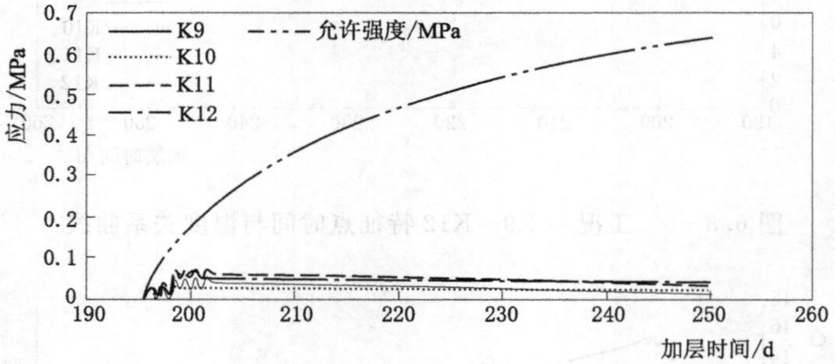

图 6.3-10 工况一 K9～K12 特征点时间与应力关系曲线

由计算结果可知，胶凝砂砾石在填筑后，产生水泥水化放热反应，由于胶凝砂砾石的热惰性和坝体体积的庞大性，热量易在坝体内积聚，使温度升高，胶凝砂砾石内部最高温度可达到 36℃。此后由于存在内外温度差，坝内温度逐渐降低，越接近坝体表面，温度降低越快，且受气温变化影响越明显，而内部温度降低则非常缓慢，这一发展与分布规律与实际相符。

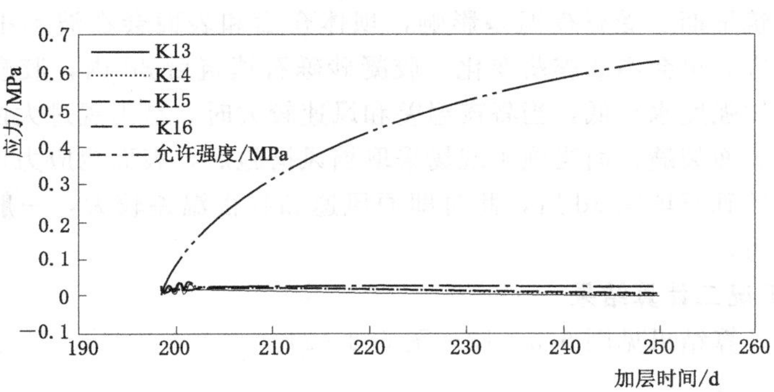

图 6.3-11　工况一 K13～K16 特征点时间与应力关系曲线

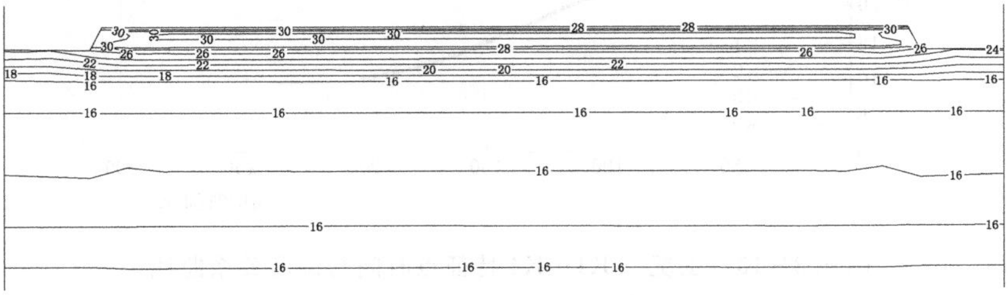

(a) 工况一龄期3.5d的温度场

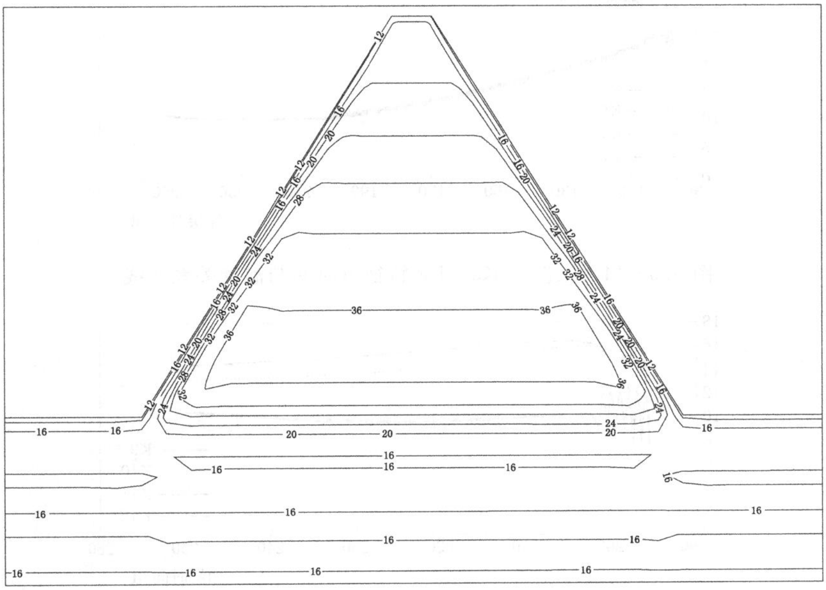

(b) 工况一龄期201d的温度场

图 6.3-12　工况一温度场云图

坝体填筑早期，受昼夜温差影响，坝体仓面和表面会在波动中升高或降低，相应的应力也会不断震荡变化。胶凝砂砾石填筑后 3d 内，胶凝砂砾石尚未成熟，抗拉强度水平低，当昼夜温差和风速较大时，易出现过大内外温差而引起早期的表面裂缝，而当施工现场采取挡风措施后，表面拉应力可得到较好控制；胶凝砂砾石填筑 3d 后，此时即便风速和昼夜温差较大，一般也不会出现过大拉应力。

6.3.2.2 工况二计算结果

工况二计算结果见图 6.3－13～图 6.3－21。

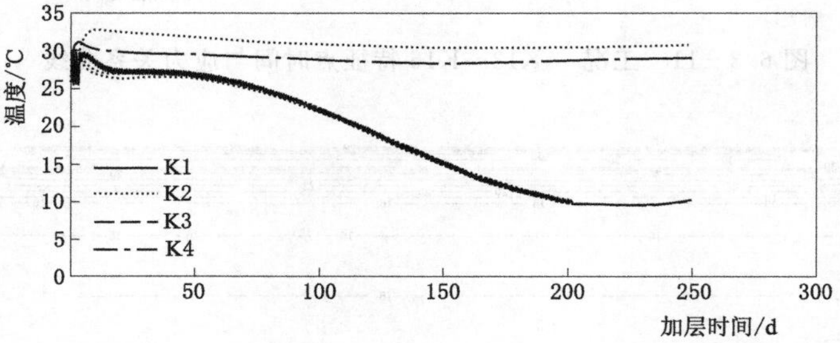

图 6.3－13　工况二 K1～K4 特征点时间与温度关系曲线

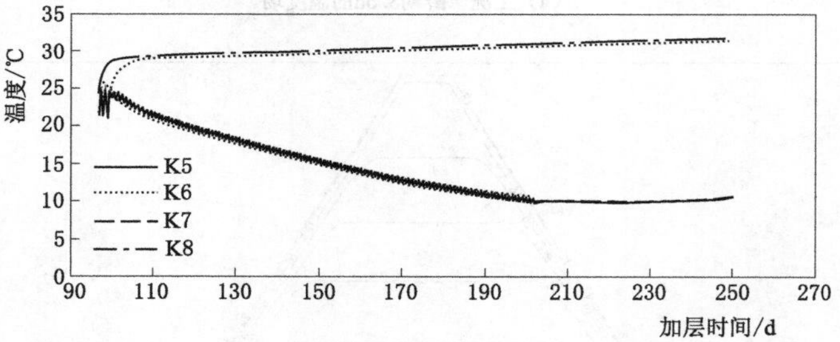

图 6.3－14　工况二 K5～K8 特征点时间与温度关系曲线

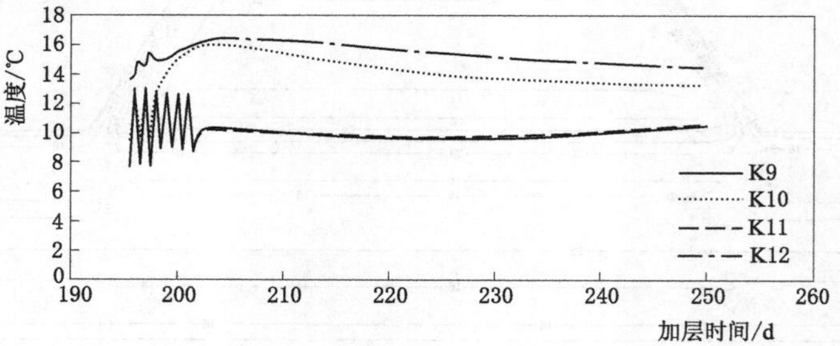

图 6.3－15　工况二 K9～K12 特征点时间与温度关系曲线

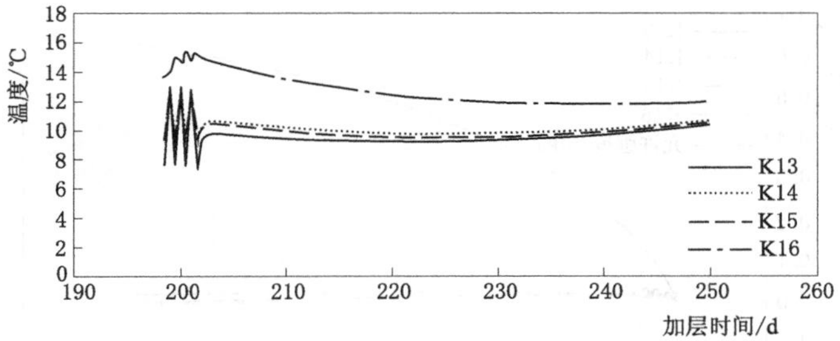

图 6.3-16　工况二 K13～K16 特征点时间与温度关系曲线

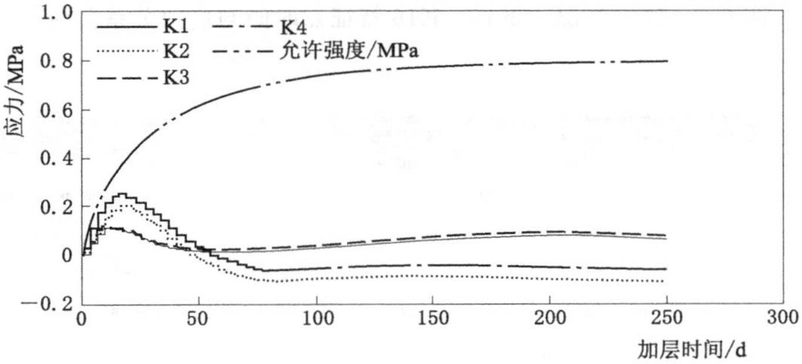

图 6.3-17　工况二 K1～K4 特征点时间与应力关系曲线

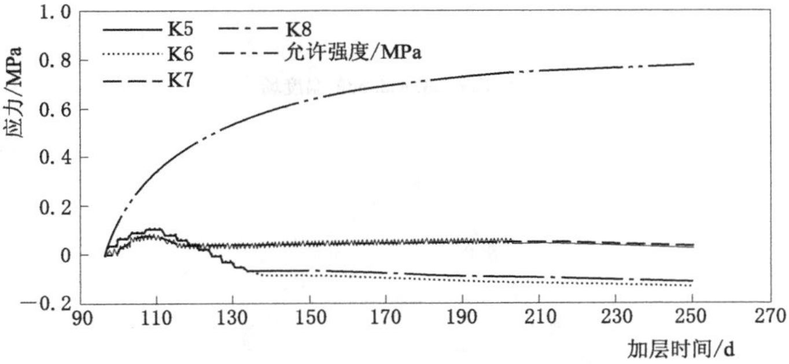

图 6.3-18　工况二 K5～K8 特征点时间与应力关系曲线

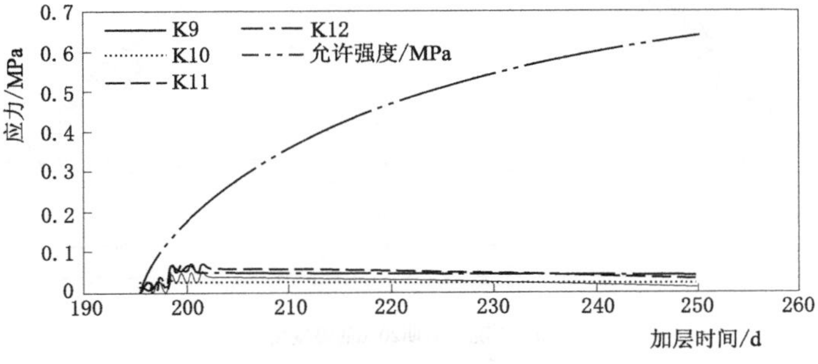

图 6.3-19　工况二 K9～K12 特征点时间与应力关系曲线

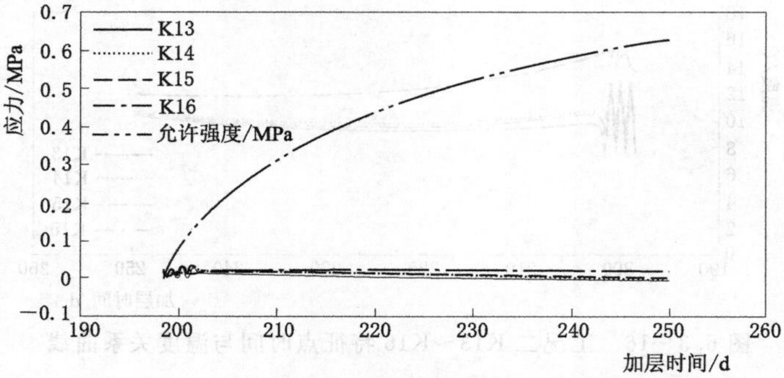

图 6.3-20 工况二 K13～K16 特征点时间与应力关系曲线

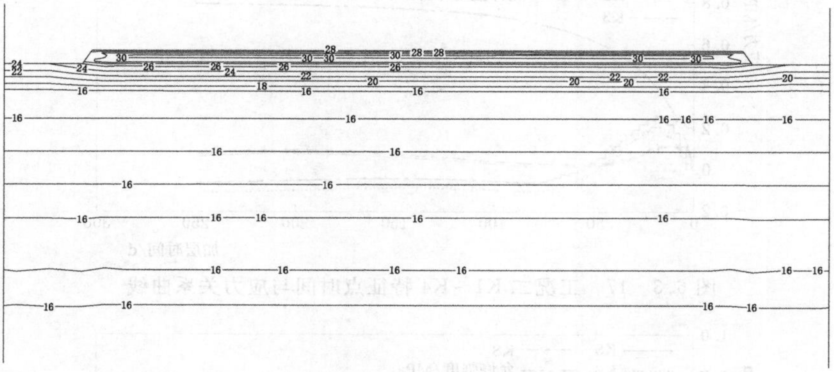

(a) 工况二龄期3.5d的温度场

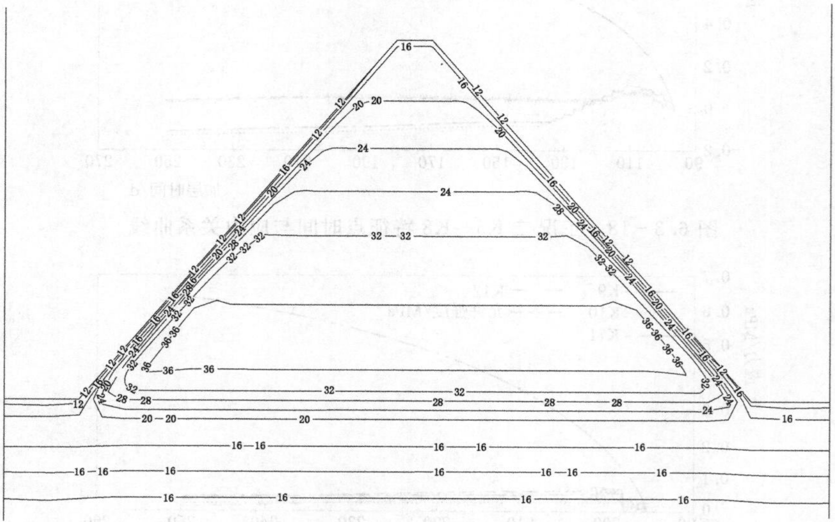

(b) 工况二龄期201d的温度场

图 6.3-21 工况二温度场云图

地基材料为软岩时，工况二坝体施工期温度规律与工况一相同，但因坝体剖面增大，最高温度比工况一稍大，最大值为36.6℃。

与工况一对比可知，早龄期因昼夜温差，坝体强约束区和坝顶非强约束区仍易出现过大内外温差而引起早期的表面裂缝。因坝基弹性模量降低，故工况二强约束区应力峰值小于工况一。

6.3.2.3 工况三计算结果

工况三计算结果见图6.3-22～图6.3-30。

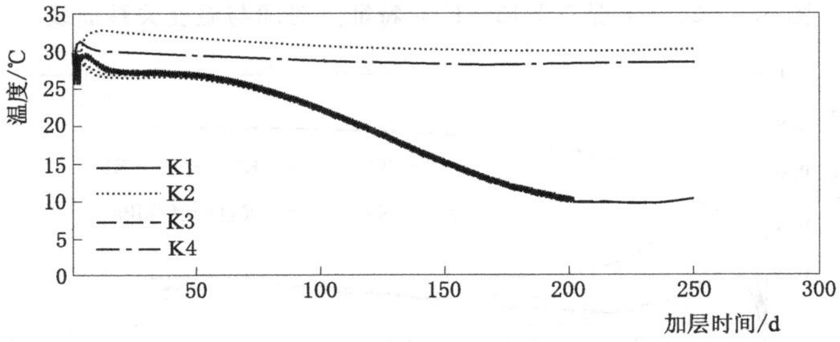

图6.3-22 工况三K1～K4特征点时间与温度关系曲线

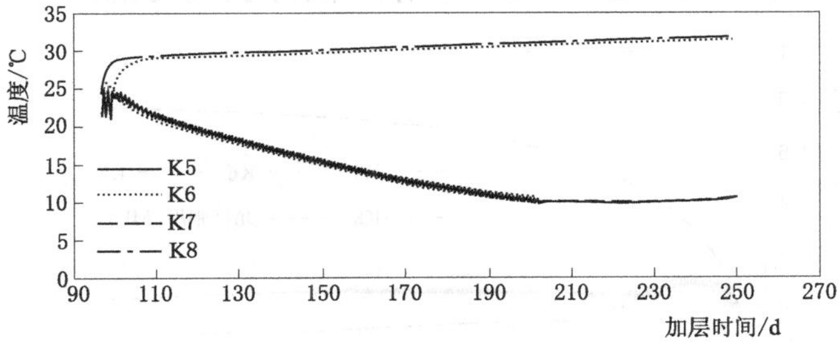

图6.3-23 工况三K5～K8特征点时间与温度关系曲线

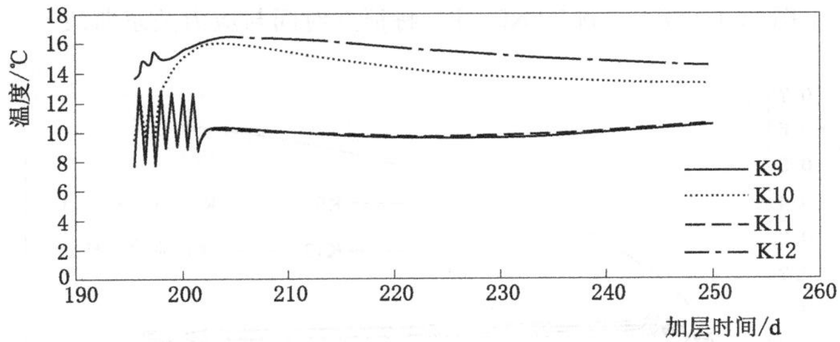

图6.3-24 工况三K9～K12特征点时间与温度关系曲线

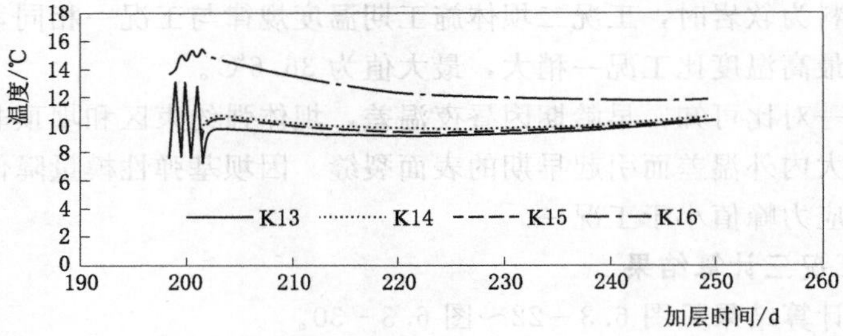

图 6.3-25 工况三 K13～K16 特征点时间与温度关系曲线

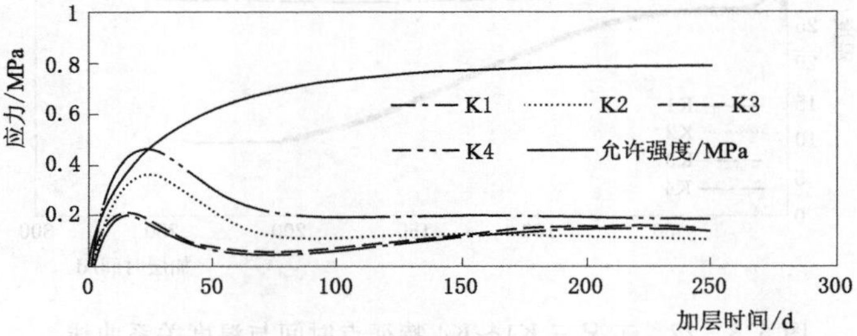

图 6.3-26 工况三 K1～K4 特征点时间与应力关系曲线

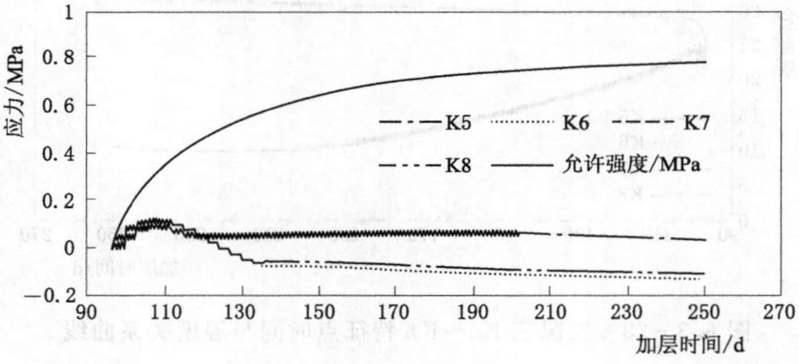

图 6.3-27 工况三 K5～K8 特征点时间与应力关系曲线

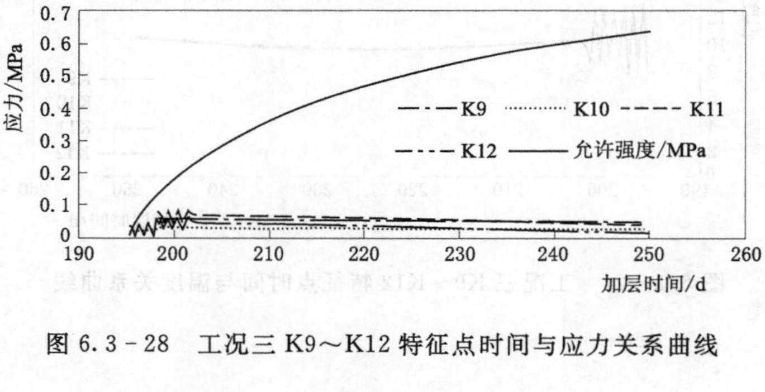

图 6.3-28 工况三 K9～K12 特征点时间与应力关系曲线

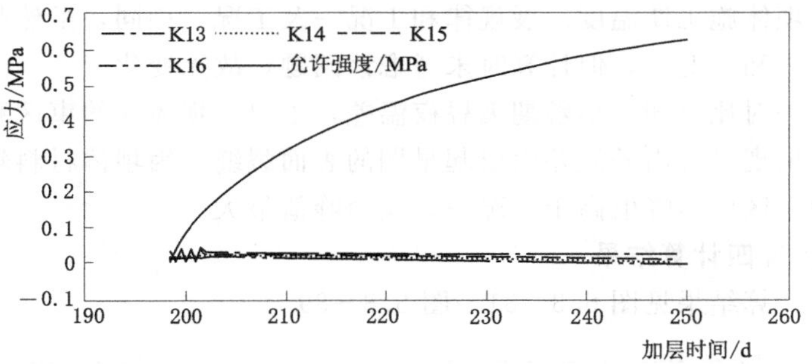

图 6.3-29　工况三 K13～K16 特征点时间与应力关系曲线

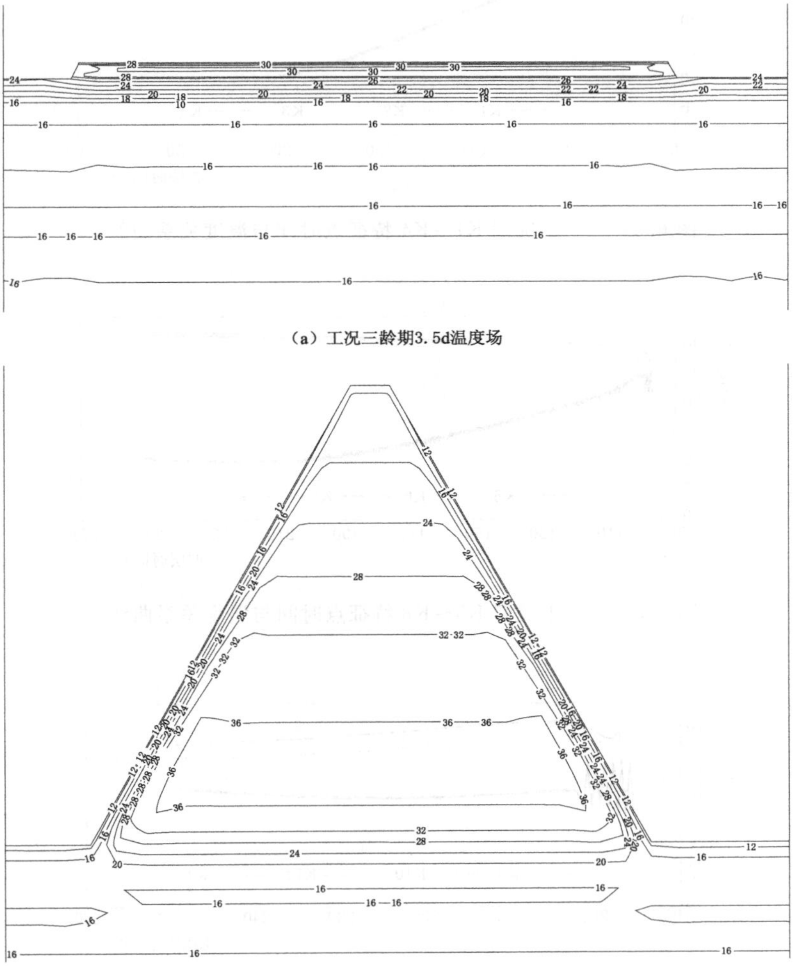

(a) 工况三龄期3.5d温度场

(b) 工况三龄期250d温度场

图 6.3-30　工况三温度场云图

工况三坝体施工期温度发展规律和工况一及工况二相同，虽然胶凝材料用量高于工况一和工况二，但计算时未考虑该问题，故无变化。

与工况一对比可知，早龄期因昼夜温差，工况三坝体强约束区和坝顶非强约束区仍易出现过大内外温差而引起早期的表面裂缝。因坝体材料较刚性，故工况三强约束区应力峰值高于工况一，应力峰值最大。

6.3.2.4 工况四计算结果

工况四计算结果见图 6.3-31～图 6.3-39。

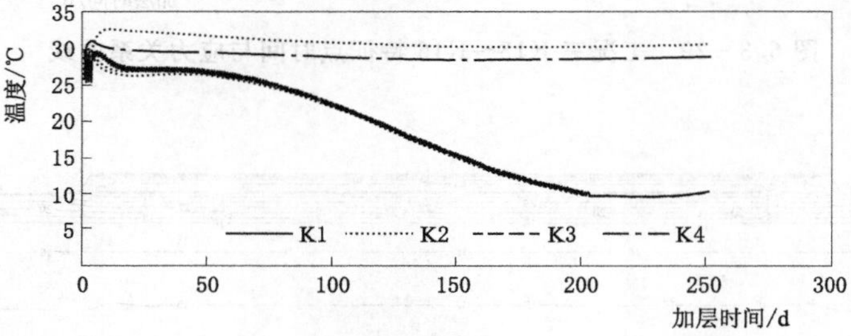

图 6.3-31 工况四 K1～K4 特征点时间与温度关系曲线

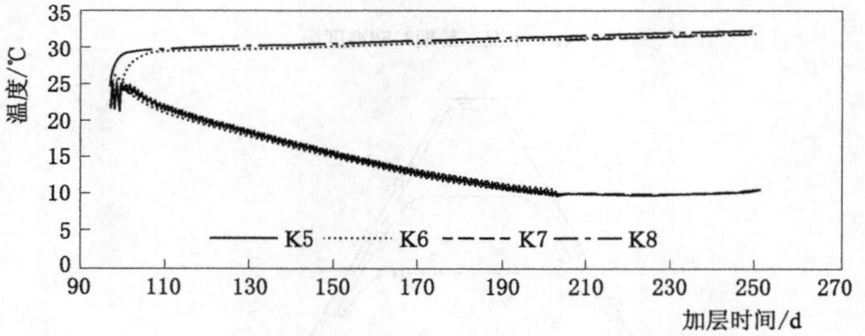

图 6.3-32 工况四 K5～K8 特征点时间与温度关系曲线

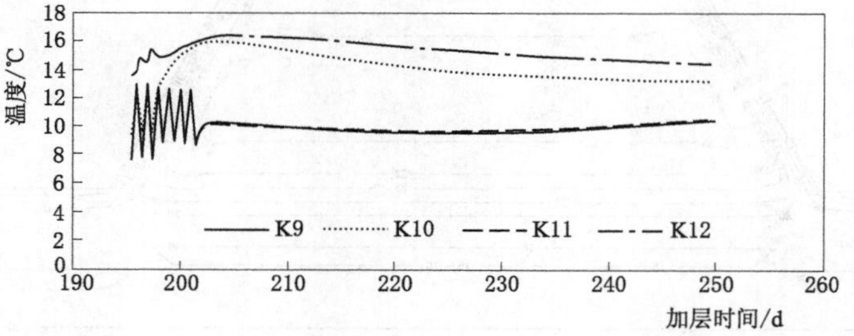

图 6.3-33 工况四 K9～K12 特征点时间与温度关系曲线

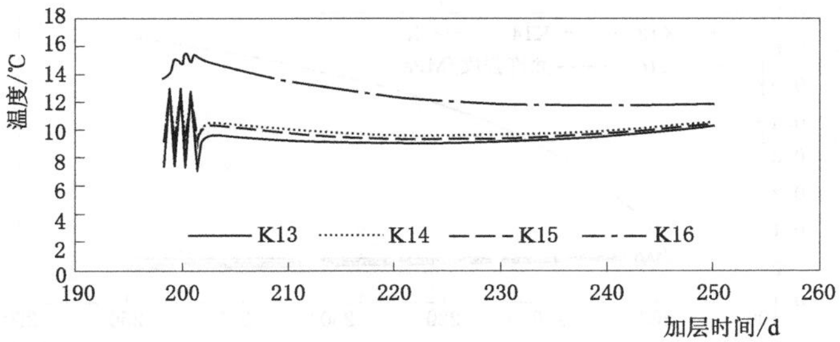

图 6.3-34　工况四 K13～K16 特征点时间与温度关系曲线

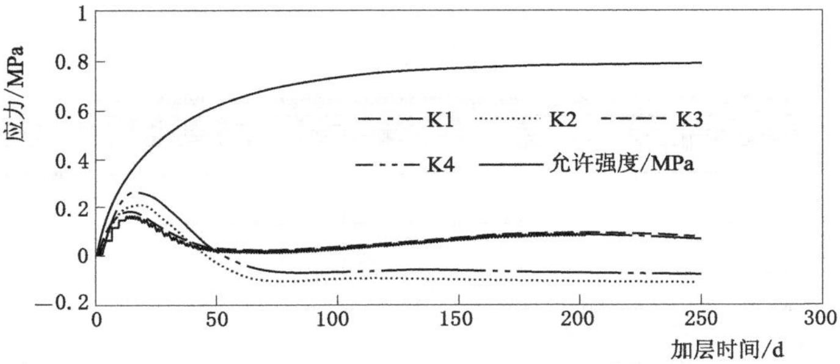

图 6.3-35　工况四 K1～K4 特征点时间与应力关系曲线

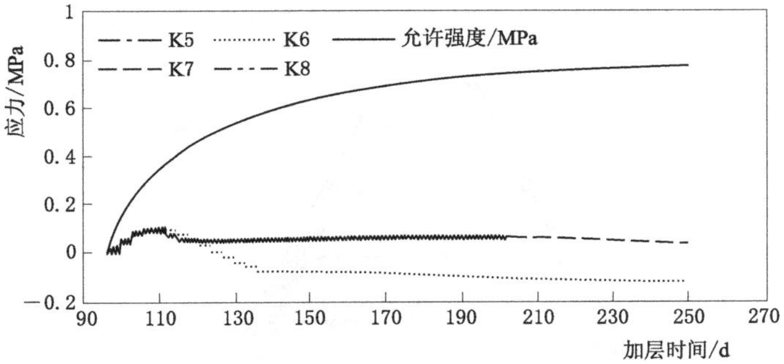

图 6.3-36　工况四 K5～K8 特征点时间与应力关系曲线

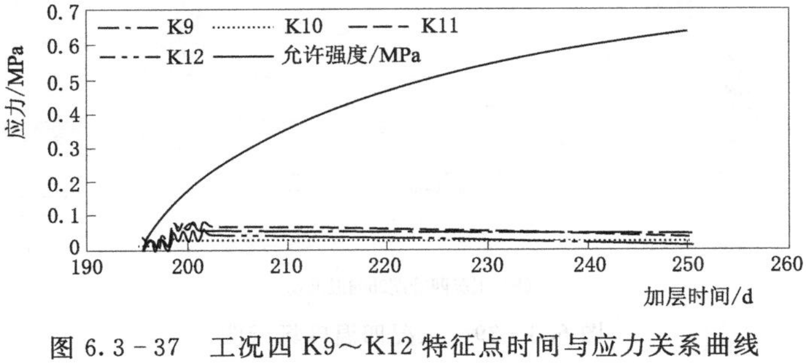

图 6.3-37　工况四 K9～K12 特征点时间与应力关系曲线

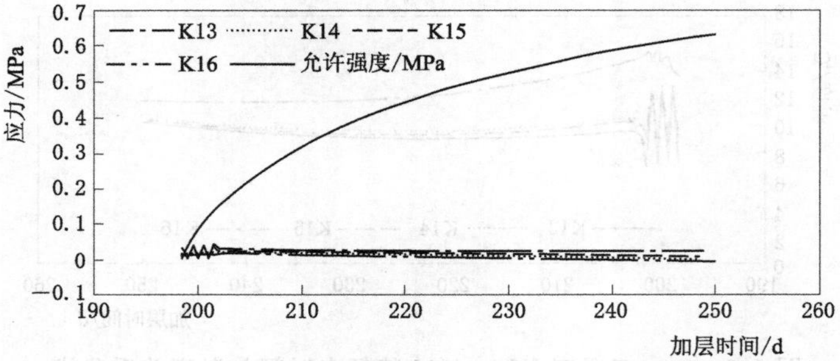

图 6.3-38 工况四 K13～K16 特征点时间与应力关系曲线

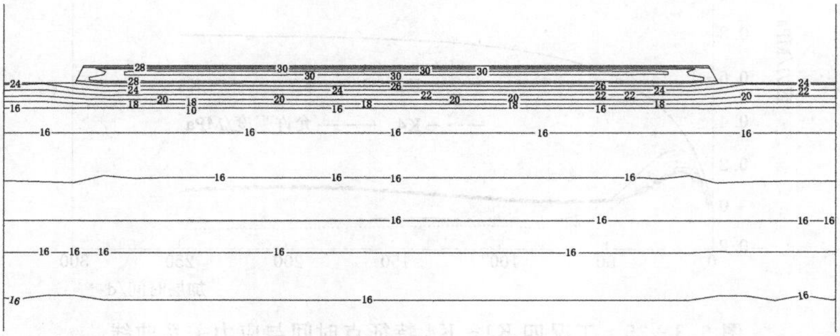

(a) 工况四龄期3.5d温度场

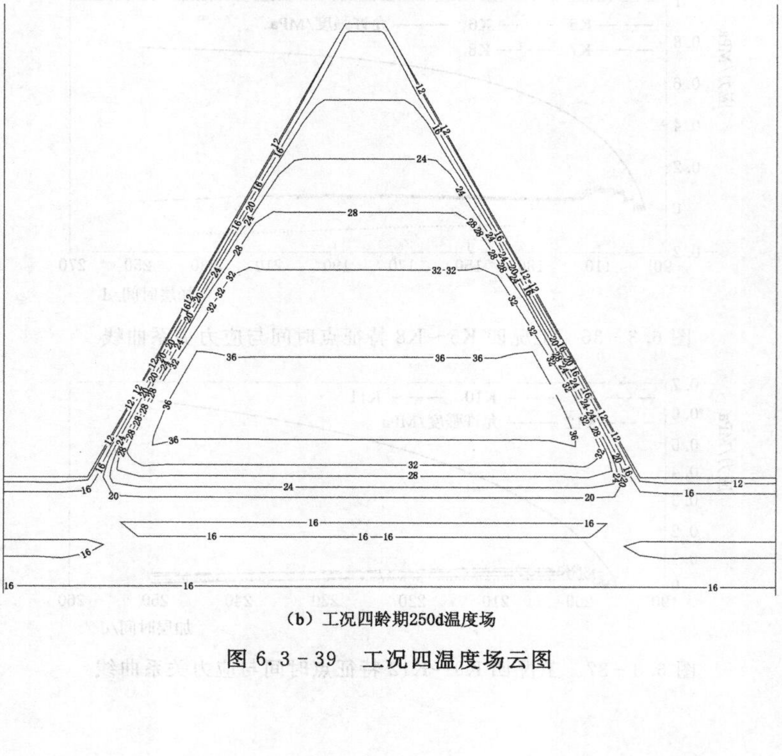

(b) 工况四龄期250d温度场

图 6.3-39 工况四温度场云图

工况四坝体施工期温度发展规律和其他工况相同，温度峰值同工况三。

早龄期因温差和强度低存在开裂风险，但地基为软岩，强约束区开裂风险最小。

6.3.2.5 小结

对比施工期温度应力演变规律可知，胶凝砂砾石因本身弹性模量低，绝热温升较小，强约束区在运行期不会存在因温降应力大幅度增大导致贯穿开裂的现象，但早龄期因温差和强度低存在开裂风险。上述问题可通过金包银的结构设计解决。

6.3.3 运行期仿真分析

工况6～工况9考察胶凝材料用量60kg/m^{3}和70kg/m^3、地基分别为坚硬岩基和软岩地基，胶凝砂砾石坝的性态演变规律。对满足不同剖面和坝体材料的坝体运行期性态演变规律进行分析。具体计算工况见表6.3-2。

根据不同的坝体剖面和坝体材料建模，按照线弹性三维模型，计算正常蓄水位时不同应力的安全度，模型力学性能参数见表6.3-3。

(1) 静水压力：水库正常蓄水位，最大上游水深98m，相应下游无水。

(2) 泥沙压力：坝前淤沙高程按1226.70m考虑，泥沙内摩擦角取12°，浮容重取8kN/m^3。

表6.3-2　计算工况

工况	胶凝材料用量/(kg/m^3)	地基	坡比
5	60	坚硬岩基	$m=0.5$，$n=0.5$
6	60	软岩地基	$m=0.7$，$n=0.7$
7	70	坚硬岩基	$m=0.5$，$n=0.5$
8	70	软岩地基	$m=0.5$，$n=0.5$

表6.3-3　模型的力学性能参数

项目	重力密度/(kN/m^3)	变形模量 E/GPa	泊松比
胶凝材料用量60kg/m^3	2300	1.52	0.18
胶凝材料用量70kg/m^3	2300	1.77	0.17
坚硬岩基材料	2800	60	0.17
软岩地基材料	2301	6	0.32

注　坚硬岩基材料参数参考花岗岩材料参数，软岩地基材料参数参考泥灰岩材料参数。

胶凝砂砾石材料的损伤演化公式如下：

受压损伤公式为

$$d_c=\begin{cases}1-\dfrac{1}{1+x^2} & x\leqslant 1\\ 1-\dfrac{0.5}{-0.2374\times(x-1)^2+x} & x>1\end{cases}\tag{6.3-1}$$

受拉损伤公式为

$$d_t=\begin{cases}1-0.833\times(1.2-0.2x^5) & x\leqslant 1\\ 1-\dfrac{0.833}{0.119933\times(x-1)^{1.7}+x} & x>1\end{cases}\tag{6.3-2}$$

模型特征单元布置见图6.3-40。

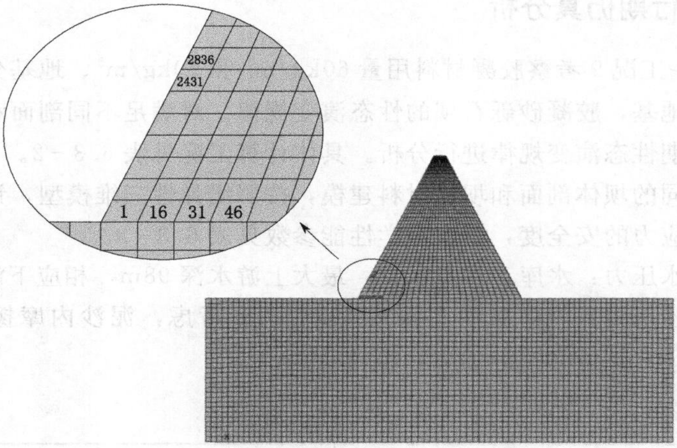

图6.3-40 模型特征单元布置图

6.3.3.1 工况五计算结果

不同超载倍数下主应力云图见图6.3-41，典型特征单元损伤度见图6.3-42。

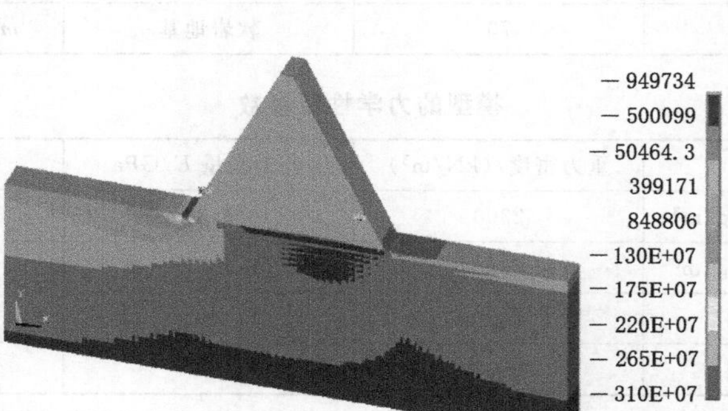

(a) 1.5倍超载下的第一主应力云图

图6.3-41（一） 工况五主应力云图

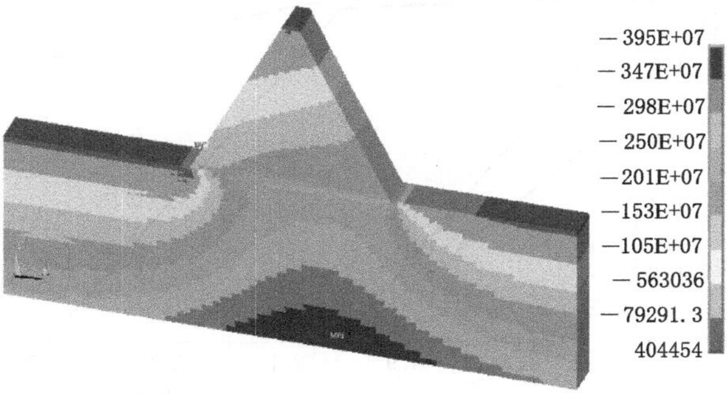

(b) 1.5倍超载下的第三主应力云图

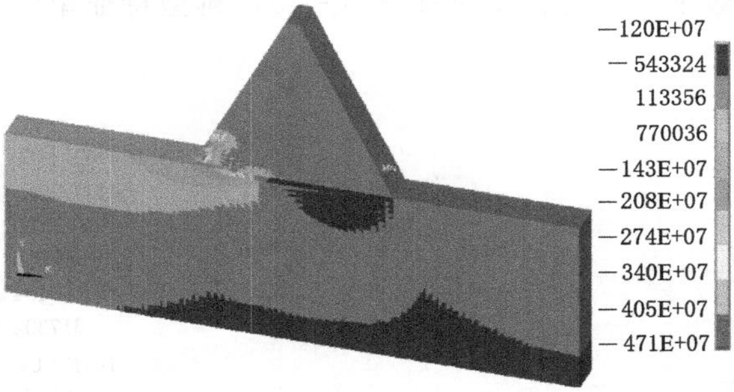

(c) 2.5倍超载下的第一主应力云图

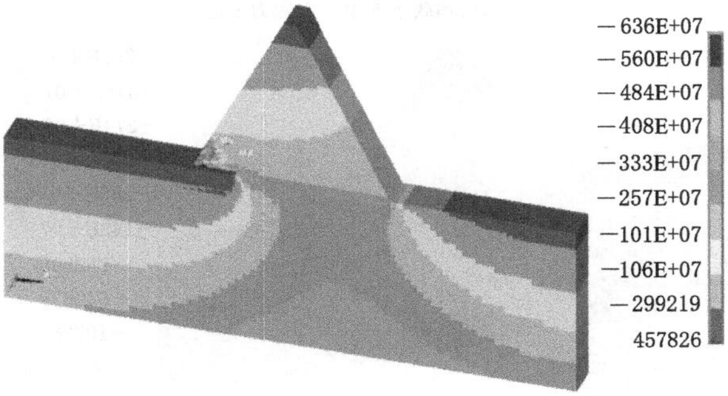

(d) 2.5倍超载下的第三主应力云图

图 6.3-41（二） 工况五应力云图

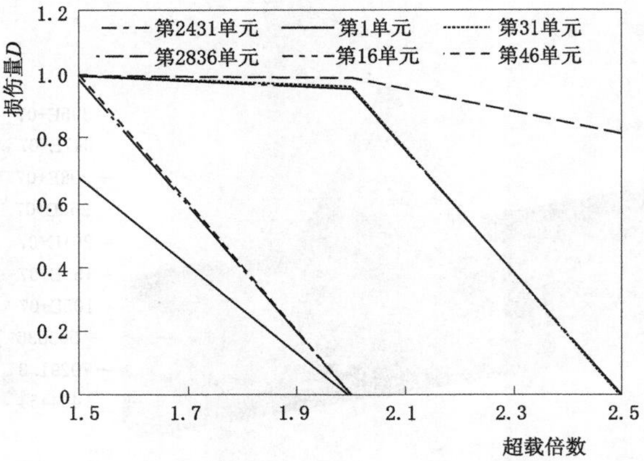

图 6.3-42 工况五典型特征单元损伤度

6.3.3.2 工况六计算结果

不同超载倍数下主应力云图见图 6.3-43，典型特征单元损伤度见图 6.3-44。

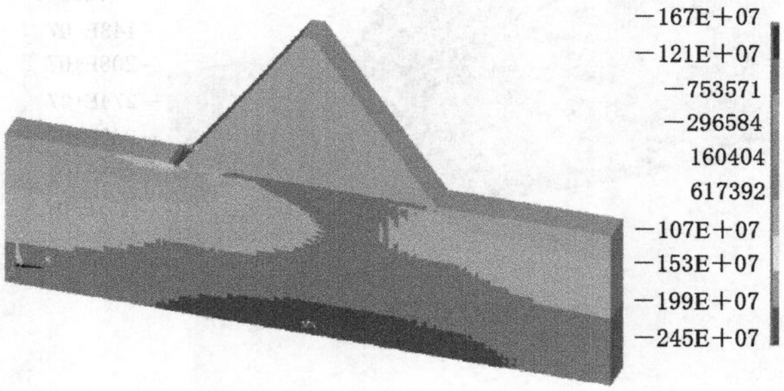

(a) 1.5倍超载下的第一主应力云图

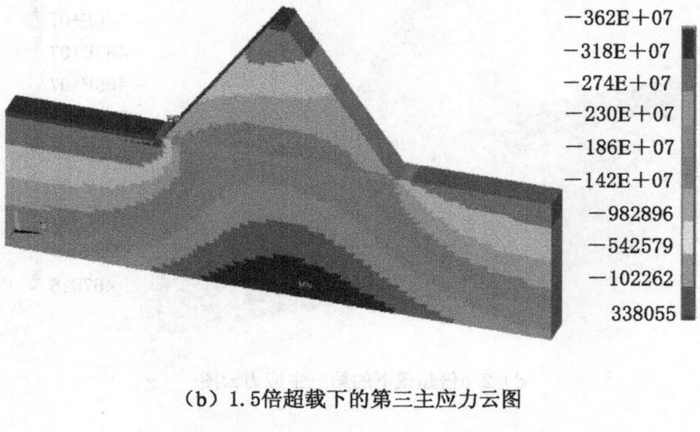

(b) 1.5倍超载下的第三主应力云图

图 6.3-43（一） 工况六主应力云图

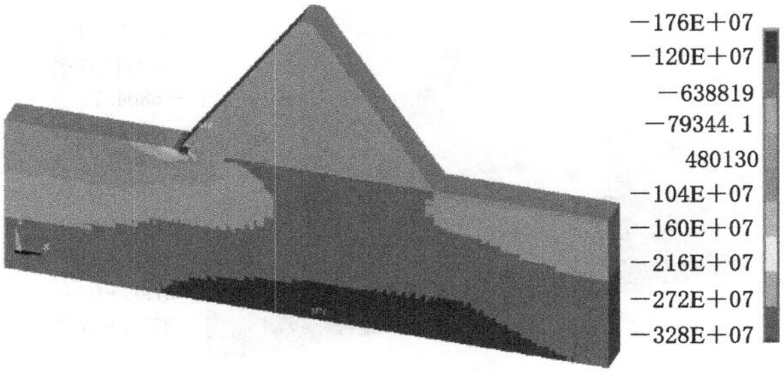

(c) 2.5倍超载下的第一主应力云图

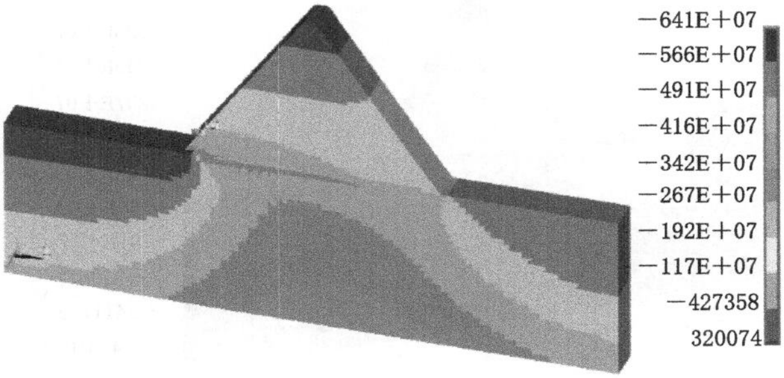

(d) 2.5倍超载下的第三主应力云图

图 6.3-43（二） 工况六主应力云图

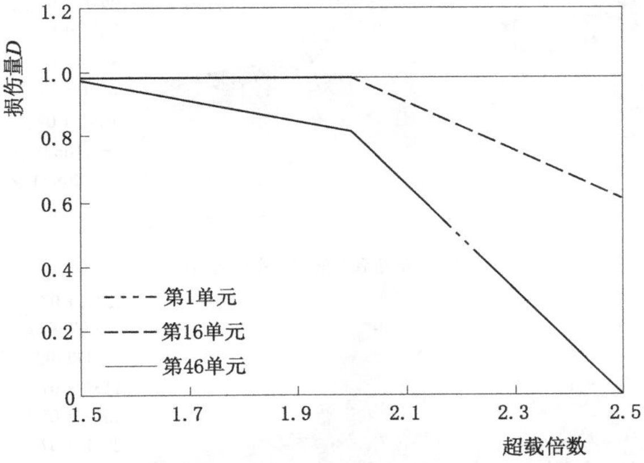

图 6.3-44 工况六典型特征单元损伤度

6.3.3.3 工况七计算结果

不同超载倍数下主应力云图见图 6.3-45，典型特征单元损伤度见图6.3-46。

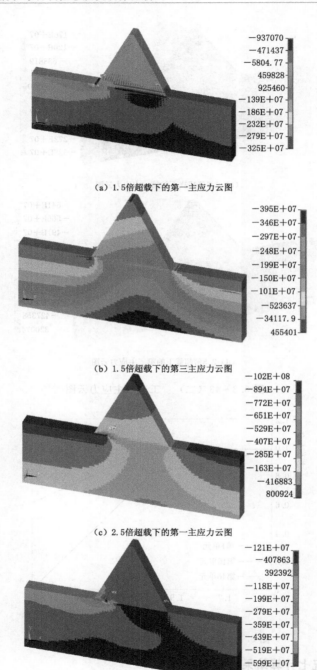

(a) 1.5倍超载下的第一主应力云图

(b) 1.5倍超载下的第三主应力云图

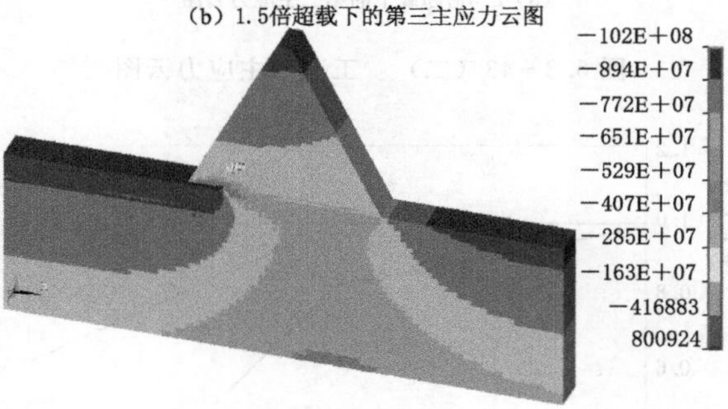

(c) 2.5倍超载下的第一主应力云图

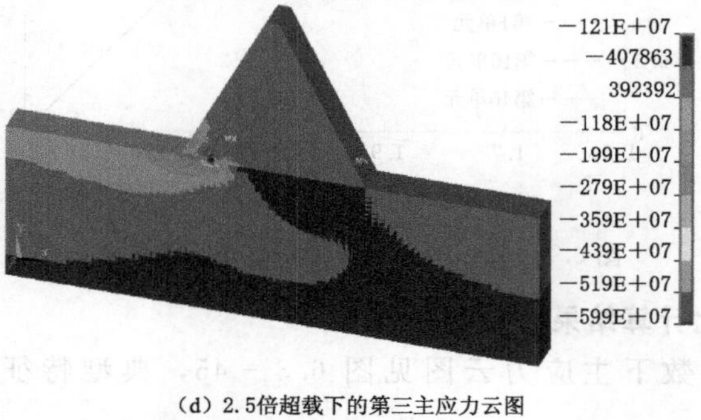

(d) 2.5倍超载下的第三主应力云图

图 6.3-45　工况七主应力云图

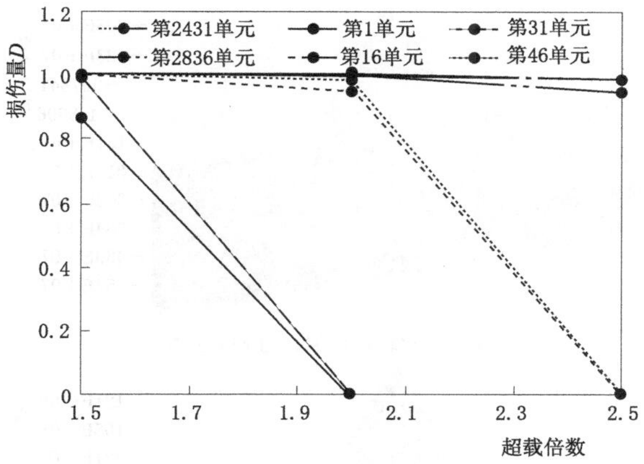

图 6.3-46 工况七典型特征单元损伤度

6.3.3.4 工况八计算结果

不同超载倍数下主应力云图见图 6.3-47，典型特征单元损伤度图见图6.3-48。

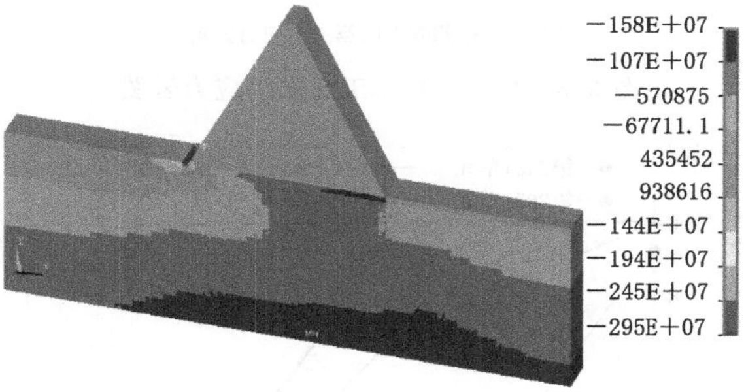

(a) 1.5倍超载下的第一主应力云图

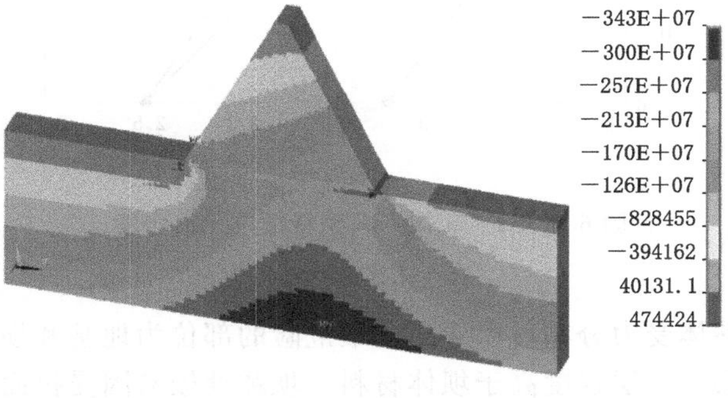

(b) 1.5倍超载下的第三主应力云图

图 6.3-47（一） 工况八主应力云图

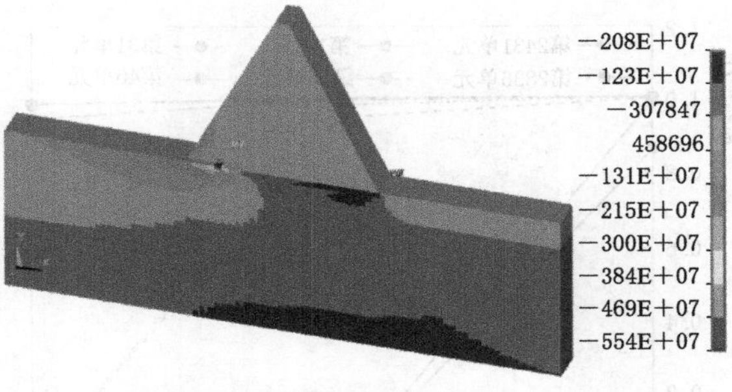

(c) 2.5倍超载下的第一主应力云图

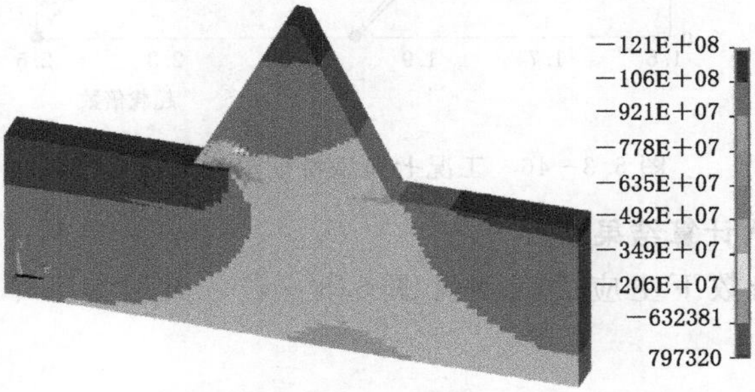

(d) 2.5倍超载下的第三主应力云图

图 6.3-47（二） 工况八主应力云图

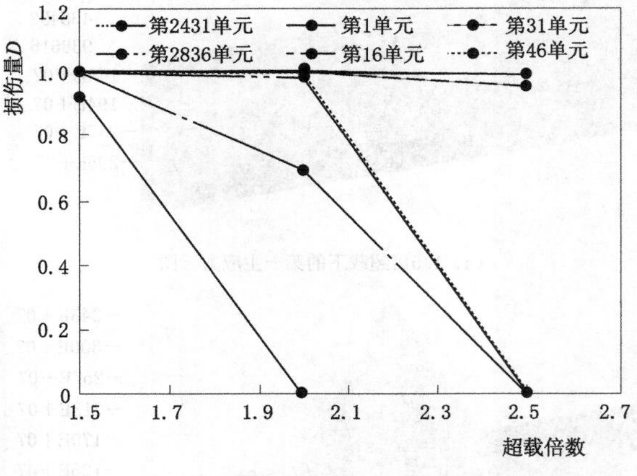

图 6.3-48 工况八典型特征单元损伤度

6.3.3.5 小结

通过坝体整体受力分布可以看出，最危险的部位为地基和坝体交界处，建议在此增设垫层，垫层强度高于坝体材料。坝踵处极易因受拉而出现损伤，坚硬地基时，随坝体胶凝材料增多而损伤减少；软岩地基时，随坝体胶凝材料增多而损伤增大。

第 7 章

100m 级胶凝砂砾石坝剖面设计准则

7.1 基于设计理论的剖面设计准则

经对比发现：胶凝砂砾石坝在岩石地基上的计算结果是两段式，胶凝材料用量在 40～50kg/m^3 时坝体控制指标主要是边坡稳定和坝体应力，趋向于土石坝设计理论，胶凝材料用量在 60～70kg/m^3 时坝体控制指标主要是坝体应力，趋向于重力坝理论设计；岩土地基情况下，坝体的控制标准主要是地基承载力问题和抗滑稳定问题，更偏向于地基控制指标。胶凝砂砾石坝设计控制条件见表 7.1－1。

表 7.1－1　　胶凝砂砾石坝设计控制条件

项目	胶凝材料用量 40kg/m^3	胶凝材料用量 50kg/m^3	胶凝材料用量 60kg/m^3	胶凝材料用量 70kg/m^3
坚硬岩	坝体应力、边坡稳定	坝体应力	坝体应力	坝体应力
较硬岩	坝体应力、边坡稳定	坝体应力	坝体应力	坝体应力
较软岩	坝体应力、边坡稳定	坝体应力、边坡稳定	坝体应力	坝体应力
软岩	坝体应力、抗滑稳定	坝体应力、抗滑稳定	抗滑稳定	坝体应力
极软岩	坝体应力、地基承载力、抗滑稳定	抗滑稳定、地基承载力	抗滑稳定、地基承载力	抗滑稳定、地基承载力
黏土	地基承载力、抗滑稳定	地基承载力、抗滑稳定	地基承载力、抗滑稳定	地基承载力、抗滑稳定
粉土	地基承载力、抗滑稳定	地基承载力、抗滑稳定	地基承载力、抗滑稳定	地基承载力、抗滑稳定
砂土	地基承载力、抗滑稳定	地基承载力、抗滑稳定	地基承载力、抗滑稳定	地基承载力、抗滑稳定
碎石土	抗滑稳定	抗滑稳定	抗滑稳定	抗滑稳定

根据表 7.1－1 可以清晰地了解到胶凝砂砾石坝在岩石地基和岩土地基基础上设计时，不同情况下的控制指标，从而初步得到以下设计准则：

（1）胶凝材料用量在 50kg/m^3 以下时，胶凝砂砾石坝设计理论主要为土石坝设计理论，主要以边坡稳定和坝体应力作为坝体控制指标。

（2）胶凝材料用量在60～70kg/m³时，胶凝砂砾石坝设计理论主要为重力坝设计理论，主要以坝体应力作为坝体控制指标。

（3）岩石地基下，坚硬岩、较硬岩、较软岩、软岩和极软岩地基的承载力完全可以满足要求，不作为坝体控制标准。但极软岩地基，大坝的控制指标主要是地基承载力，应根据施工条件和处理措施进行试验测定，以确保地基的安全性。

（4）岩土地基下，地基承载力是胶凝砂砾石坝设计最为重要的控制标准，在满足地基承载力的情况下，仅需要考虑抗滑稳定控制标准即可。

7.2 基于仿真分析的补充设计准则

根据仿真计算结果，坝体应力分布从坝顶到坝底一直增大，顶部受力偏小，坝体部分筑坝材料的性能不能完全被利用，造成浪费。针对坝体的应力分布情况，补充说明以下胶凝砂砾石坝设计注意事项：

（1）胶凝砂砾石坝设计可以根据坝体内部应力情况进行分层，根据不同分层的最大应力值来选定不同的筑坝材料，可有效提高筑坝材料的利用效率，节约成本。

（2）坝体分层用不同筑坝材料，对坝体边坡稳定会有一定影响，可以采用“金包银”的方式给坝体做一层外壳，增加整体稳定性。考虑到胶凝砂砾石材料的抗渗性较差，实际施工需要做防渗面板，因此可以结合防渗面板，对分层施工的胶凝砂砾石坝做外壳，既可有效利用材料、节约成本，又可提高坝体的稳定性和抗渗性。

（3）根据胶凝砂砾石坝云图可知，最危险的部位为地基和坝体交界处，所以建议在此浇筑垫层，且垫层材料强度高于坝体材料，可有效提高坝体安全性。

参 考 文 献

[1] 张镜剑．碾压混凝土坝的历史、现状和趋势 [J]. 华北水利水电学院学报，2000，9 (21)：1-7.

[2] 张镜剑，孙明权．超贫胶结材料基本性能试验报告 [R]. 郑州：华北水利水电学院，1996.

[3] 孙明权．超贫胶结材料坝研究 [R]. 郑州：华北水利水电学院，2004.

[4] 陈涛．胶凝砂砾石坝的设计思想与设计准则 [J]. 水利科技与经济，2008，14 (4)：276-277.

[5] 陈霞，曾力，何蕴龙，等．Hardfill 坝材料的渗透溶蚀性能 [J]. 武汉大学学报（工学版），2009，42 (1)：42-45.

[6] 贾金生，马锋玲，李新宇，等．胶凝砂砾石坝材料特性研究及工程应用 [J]. 水利学报，2006，37 (5)：578-582.

[7] 贾金生，陈祖坪，马锋玲，等．胶凝砂砾石坝筑坝材料特性及其对面板防渗体影响的研究 [R]. 北京：中国水利水电科学研究院，2004.

[8] RAPHAEL J M. The Optimum Gravity Dam [C] //Rapid Construction of Concrete Dam. New York：ASCE，1970：221-244.

[9] RAPHAEL J M. Construction Methods for Soil-Cement Dam [C] //Economical Construction of Concrete Dam. New York：ASCE，1972：143-152.

[10] LONDE P，LINO M. The Faced Symmetrical Hardfill Dam：A New Concept for RCC [J]. International Water Power& Dam Construction，1992 (2)：19-24.

[11] 乐治济．不同地基条件下胶结砂石料坝工作特性研究 [D]. 武汉：武汉大学，2005.

[12] 王秀杰．CSG 坝静、动力性能及最佳剖面研究 [D]. 武汉：武汉大学，2005.

[13] CHOI K-S. Near-wall structures of a turbulent boundary layer with riblets [J]. J Fluid Mech，1989，208：417-458.

[14] 朱秀芳，王钧．高分子涂层在水中减阻效果的研究 [J]. 国外建材科技，2006，27 (2)：6-7.

[15] 彭云枫，何蕴龙，万彪．Hardfill 坝——一种新概念的碾压混凝土坝 [J]. 水力发电，2008 (2)：61-63，70.

[16] 孙君森，林鸿镁．最优重力坝设计 [J]. 水力发电，2003 (2)：16-19.

[17] D G COUMOULOS，T P KORYALOS. Lean RCC dams-laboratory testing methods and quality control Procedures during construction [C] //Roller Compacted Concrete Dams，2003：233-238.

[18] A CAPOTE. A Hardfill Dam Constructed in the Dominican Republic [C] //Roller Compacted Concrete Dams，2003.

[19] BATMAZ. Cindere dam - 107m high roller compacted hardfill dam (RCHD) in Turkey [C] //Roller Compacted Concrete Dams，2003：121-126.

[20] I NAGAYAMA. Development of the CSG construetion method for sediment trap dams [J]. Civil Engineering Journal, 1999, 41 (7): 6 - 17.

[21] ISAO NAGAYAMA, SHIGEHARU JIKA. 30 Years' History of Roller - compacted Concrete Dams in Japan [C] //Roller Compacted Concrete Dams, 2003: 27 - 38.

[22] TOSHIO HIROSE, TADAHIKO FUJISAWA HIDEAKI KAWASAKI, et al. Design concept of Trapezoid - shaped CSG Dams [C] //Roller Compacted Concrete Dams, 2003: 457 - 464.

[23] T HIROSE, T FUJISAWA, H YOSHIDA, et al. Concept of CSG and its material properties [C] //Roller Compacted Concrete Dams, 2003: 465 - 473.

[24] T HIROSE. Design concept of trapezoid shaped CSG dam [C] //Roller Compacted Concrete Dams, 2003: 457 - 464.

[25] TADAHIKO FUJISAWA. Material Properties of CSG for the Seismic Design of Trapezoid - shaped CSG Dam [C] //13th World Conference on Earthquake Engineering, 2004: 1 - 12.

[26] 岳鹏展．胶凝砂砾石坝结构分析 [D]. 郑州：华北水利水电学院，2011.

[27] P. J. 梅森．带面板的对称硬填料坝的设计与施工 [J]. 水利水电快报，2009，30 (2)：25 - 27，41.

[28] 方坤河，刘克传．推荐一种新坝型——面板超贫碾压混凝土重力坝 [J]. 农田水利与小水电，1995 (11)：32 - 36.

[29] 唐新军．一种新坝型——面板胶结堆石坝的材料及设计理论研究 [D]. 武汉：武汉水利电力大学，1997.

[30] 孙明权，彭成山，李永乐，等．超贫胶结材料三轴试验 [J]. 水利水电科技进展，2007，27 (4)：46 - 49.

[31] 孙明权，孟祥敏，肖晓春．超贫胶结材料坝剖面形式研究 [J]. 水利水电科技进展，2007，27 (4)：40 - 41，45.

[32] 孙明权，彭成山，陈建华，等．超贫胶结材料坝非线性分析 [J]. 水利水电科技进展，2007 (8)：42 - 45.

[33] 孙明权，杨世锋，张镜剑．超贫胶结材料本构模型 [J]. 水利水电科技进展，2007 (6)：35 - 37.

[34] 彭成山，张学菊，孙明权．超贫胶结材料特性研究 [J]. 华北水利水电学院学报，2007 (4)：26 - 29.

[35] 何蕴龙，王晓峰，吴凤先，等．Hardfill 坝的基底压力和附加应力计算 [J]. 武汉大学学报（工学版），2009，42 (2)：191 - 195，247.

[36] 何蕴龙，彭云枫，熊堃．Hardfill 坝结构特性分析 [J]. 水力发电学报，2008，27 (6)：68 - 72.

[37] 何蕴龙，彭云枫，熊堃．Hardfill 坝筑坝材料工程特性分析 [J]. 水利与建筑工程学报，2007，5 (4)：1 - 6.

[38] 何蕴龙，肖伟，李平．硬填料坝横向地震反应分析的剪切楔法 [J]. 武汉大学学报（工学版），2008，41 (4)：38 - 42.

[39] 何蕴龙，张艳锋．Hardfill 坝自振特性分析的剪切楔法 [J]. 人民长江，2008，39 (13)：98 - 100.

[40] 杨朝晖，赵其兴，符祥平，等．CSG 技术研究及其在道塘水库的应用 [J]. 水利水电技术，2007，38 (8)：46-49.

[41] 何光同，李祖发，俞钦．胶凝砂砾石新坝型在街面量水堰中的研究和应用 [C] //庆祝坑口碾压混凝土坝建成二十周年暨龙滩 200m 级碾压混凝土坝技术交流会，2006：32-35.

[42] 黎学皓，刘勇．CSG 筑坝技术在洪口过水围堰中的应用 [J]. 水利水电施工，2009 (3)：15-20.

[43] 祁庆和．水工建筑物 [M]. 第三版．北京：中国水利水电出版社，2001.

[44] 中华人民共和国水利部．混凝土重力坝设计规范：SL 319—2005 [S]. 北京：中国水利水电出版社，2005.

[45] 中华人民共和国水利部．碾压式土石坝设计规范：SL 274—2001 [S]. 北京：中国水利水电出版社，2001.

[46] 中华人民共和国水利部．混凝土面板堆石坝设计规范：SL 228—2013 [S]. 北京：中国水利水电出版社，2013.

[47] 林继镛，张社荣．水工建筑物 [M]. 北京：中国水利水电出版社，2019.

[48] 孙斌．重力坝岸坡坝段不同开挖方案的稳定分析 [D]. 西安：西安理工大学，2012.

[49] 郭诚谦．论改性堆石面板坝稳定与应力分析 [J]. 水力发电，1995 (4)：25-26，44.

[50] 朱伯芳．有限单元法原理与运用 [M]. 第二版. 北京：中国水利水电出版社，1998.

[51] 王元汉，李丽娟，李银平．有限元法基础与程序设计 [M]. 广州：华南理工大学出版社，2001.

[52] 杨世锋．采用非线性分析方法研究超贫胶结材料坝的筑坝型式 [D]. 郑州：华北水利水电学院，2007.

[53] 杨开云，白新理．结构分析软件应用 [M]. 北京：北京理工大学出版社，2005.

[54] 刘志明，徐年丰．水工基础处理及滑坡治理工程的理论和实践 [M]. 武汉：中国地质大学出版社，2003.

[55] 崔冠英．水利工程地质 [M]. 第四版．北京：中国水利水电出版社，2008.

[56] 中华人民共和国水利部．工程岩体分级标准：GB/T 50218—2014 [S]. 北京：中国计划出版社，2015.